하리하라의 음식 과학

하리
하라의

이은희 지음

음식
과학

혀가 호강하고
뇌가 섹시해지는
음식 과학의 세계

살림Friends

　대학 시절, 처음으로 집에서 나와 자취를 하게 되었다. 처음에는 나만의 온전한 공간이 생겼다는 사실에 자유로운 기분을 느꼈다. 하지만 이 자유가, 모든 것을 내가 해결해야 한다는 번거로움으로 이어진다는 것을 깨닫기까지는 그리 오랜 시간이 걸리지 않았다.

　부끄럽게도 그때까지 나에게 밥이란 아침에 일어나면 식탁 위에 차려져 있고 밤늦게 들어가도 내 몫은 늘 남아 있는, 마치 공기와 같은 것이었다. 하지만 자취를 시작하자 모든 것이 달라졌다. 밥은 공기와 같은 존재감을 지니지만 결코 공기처럼 저절로 존재하는 것은 아니었다. 밥이란 찬물에 손을 넣고 직접 쌀을 씻어 충분한 시간을 두고 불린 뒤 솥에 넣고 물과 불의 조절을 잘해야만 겨우 먹을 만한 것으로 완성되는, 생각보다 손이 많이 가는 존재였다.

　더군다나 반찬까지 해야 한다니! 그 번거로움의 타협점은 주말마다 본가에서 반찬을 공수해 오고, 밥은 타이머가 달린 전기밥솥에 맡기는 것이었다. 뭐, 초보 자취생의 생활이 늘 그렇듯 사소한 실수들도 있었다. 전기밥솥에 쌀을 안치고 '취사' 버튼 대신 '보온' 버튼을 눌러, 익지도 않은 채 퉁퉁 불어 터진 생쌀을 씹어 본 경험 같은 것 말이다. 어째서 불어 터진 생쌀이 바짝 마른 것보다 먹기 더 고역이었는지 지금도 미스터리다.

　그런 내가 음식에 대한 책을 쓴다고? 뭔가 어울리지 않는다. 하지만 그 시절 이후 20여 년의 세월이 흐르는 동안 내게도 변화가 찾아왔다. 난 결혼을 했고, 세 아이를 낳았고, 그 핏덩이들에게 젖을 먹이며 내 몸의 일부를 먹거리로 내어 주는 경험도 했다. 그러면서 나는 어느덧 식구들에게 '공기와도 같은 밥'의 존재감을 부여하는 또다른 존재가 되어 있었다. 그러면서 고민이 생겨났다.

　개인적으로 난 먹거리에 대한 호불호가 강한 편이 아니고, 미식가는 더더욱 아니다. 그렇기 때문에 단지 내 몸 하나만 챙겨도 되는 시절에는 배가 고프면 무엇이든 먹을 수 있는 거라면 가리지 않았다. 하지만 식구들과 함께 먹는 밥은 달랐다. 삼시 세끼를 '무엇을, 왜, 어떻게' 먹어야 할지 '삼하원칙'에 따른 고민에 시달리기 시작한 것이다.

사실 요즘 같은 세상에 음식에 대한 '무엇'과 '왜'와 '어떻게'의 정보는 차고 넘친다. 간단히 텔레비전 리모컨만 눌러도 지구촌 구석구석의 별별 식재료를 다 구경할 수 있으며(심지어 홈쇼핑 채널을 통해 그 자리에서 바로 구입할 수도 있다!), 건강 프로그램에서는 특정 음식을 왜 먹어야 하는지에 대해서 끊임없이 설파한다. 그리고 각계각층의 사람들이 앞치마를 두르고 나와 저마다의 레시피를 뽐낸다.

맛도 좋고 건강에도 좋다는 최고급 식재료가 일류 요리사의 손끝에서 화려하게 변신하는 모습은 언제 보아도 황홀하다. 향마저 풍길 것 같은 비주얼은 다이어트라는 헛된 미명하에 꾹꾹 눌러놓은 '원초적 본능'을 다시 불러일으킨다. 오죽하면 '푸드 포르노'라는 말이 유행하겠는가?

하지만 정보가 차고 넘치는 정도에 비례해 먹는 것에 대한 불안감도 높아진다. 꼭 먹어야 할 음식과 '반드시' 먹지 말아야 할 음식의 목록, 유기농과 친환경, MSG와 GMO를 바라보는 상반된 시선, 원산지와 유통기한과 첨가물의 이력서, 칼로리와 단백가와 GI(glycemic index, 당 지수)의 복잡한 수치 등 다양한 정보 속에서 우리는 무엇을, 왜, 어떻게 먹어야 할지에 대한 방향성을 잃고 헤매기 십상이다.

몇 번의 혼란을 겪고 난 뒤, 도대체 이 땅에 살던 우리 조상들은 오래도록 무엇을 먹고 살았는지 궁금해지기 시작했다. 우리는 어떤 식재료를, 왜 선택했으며, 어떻게 먹으면서 긴 세월을 살아왔을까?

우리 조상들이 먹었던 음식을 찾는 과정에서 집중했던 것은 식재료가 가진 본연의 의미였다. 현대인의 달라진 식습관과 바뀐 생활환경이 아닌, 원래 그것이 가졌던 날것 그대로의 속살 말이다. 먹는다는 행위는 근본적으로 동물이, 다른 생명체가 지닌 유기물과 무기물을 섭취해 자신의 몸과 그 몸을 움직이는 에너지로 바꾸는 일종의 화학적 자리바꿈의 과정이다.

그렇다면 첫 번째로 중요한 건 내 몸과 내가 살아가는 데 필요하고 적정한 물질들을 정확히 아는 것이다. 두 번째는 그렇게 '알아낸' 물질들을 가능하면 맛있고 즐겁게 섭취하는 방법을 찾는 것이다. 사람은 살기 위해 먹지만, 먹는 즐거움 또한 삶의 중요한 버팀목이 되기도 하니까.

'제대로' 살기 위해 '제대로' 먹고, 먹는 즐거움을 통해 삶을 더욱 풍요롭게 만드는 일. 과학이라는 현미경으로 우리 조상들의 기억 속에 아로새겨진 먹거리들을 들여다보는 이유가 바로 여기에 있다.

- 2015년 초여름, 이은희

1월: 설날과 떡국

쌀과 포도당의
끈적한 관계

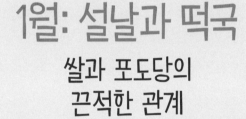

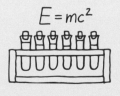

넉넉하고 푸짐하게 시작하는 새해

정월 초하루, 열두 장이 꽉 찬 달력의 표지를 뜯어내는 것은 어
쩐지 그득 찬 곳간의 문을 여는 것처럼 든든하고 뿌듯하다. 그래
서일까? 설날 아침 밥상 역시 유난히 풍성하고 푸짐하다. 질 좋은
소고기 사태에 밤과 표고버섯을 넣고 푹 쪄 낸 사태찜이 상 가운
데에 자리를 잡고, 녹두를 곱게 갈아 기름에 지져 낸 녹두전이 고
소한 냄새를 풍기며 젓가락을 유혹한다. 부엌 찬장 선반 위에는
예쁜 색과 모양을 뽐내는 다식(茶食)과 반질반질 윤기가 흐르는
약과가 달콤한 기쁨을 더해 주기 위해 대기 중이다.

하지만 이 맛난 음식들 사이에서도 유난히 기다려지는 것이 있다. 바로 떡국! 드디어 김이 모락모락 나는 뜨뜻한 떡국이 상 위에 올라왔다. 부리나케 숟가락을 들고 한술 떠 넣었다. 꿩고기를 고아 만든 진한 육수는 감칠맛이 돌고 뽀얀 가래떡은 씹지 않아도 술술 넘어갈 정도로 부드러워 혀에 착착 감긴다. 이 순간, 이 귀한 떡국을 더 먹을 수만 있다면 나이야 몇 살쯤 더 먹어도 괜찮다는 생각이 들 정도다.

> **다식** 송화, 검은깨, 볶아서 빻은 멥쌀 등에 꿀을 넣어 반죽한 뒤 다식판에 찍어 낸 전통 과자. 다식판에는 글자와 무늬가 새겨져 있어서 다식의 모양을 잡아 줄 뿐 아니라 무늬를 새기는 역할도 했다.

떡국, 설날의 대명사

한 해를 맞이하는 첫날답게 설날 아침은 분주하다. 사람들은 아침 일찍 일어나 설빔으로 곱게 단장하고 웃어른께 세배를 드린다. 만수무강에 대한 기원과 자손의 앞날을 축복하는 덕담이 오가고 나면, 어린아이들은 할아버지 할머니가 내주시는 단것에 한껏 입이 벌어진다. 사람들은 새벽에 다녀간 복조리 장수에게 후하게 값을 쳐주고 산 복조리를 마루에 걸어 놓고 한 해 동안 우환 없이 복만 굴러 들어오길 빌었고, 따뜻한 아랫목에서 그 어느 날보다 푸짐한 아침상을 받았다.

어른들이 데우지 않은 차가운 **도소주**를 마시

> **도소주(屠蘇酒)** 여러 가지 약재를 넣어 빚은 술로 설날에 도소주를 마시면 병이 생기지 않고 오래 살 수 있다는 속설이 있다.

설날의 대표 음식, 떡국.

며 담소를 나누는 사이, 어느덧 제 몫을 비운 아이들은 누가 먼저랄 것도 없이 동네 골목으로 몰려 나갔다. 한쪽에서는 팽이가 쌩쌩 돌아가고 썰매를 지치는 아이들의 볼이 빨갛게 얼어 갔다. 파르라니 사금파리를 먹인 연줄이 팽팽하게 연싸움을 벌이다가 한쪽이 견디지 못해 끊어져 날아가도 연을 잃은 아이는 그리 분에 겨워하지 않았다. 연은 송액영복(送厄迎福, 나쁜 운수를 보내고 복을 받아들인다)의 꼬리표를 달고 한 해의 액운을 멀리 날려 버리는 임무를 수행하러 떠났기 때문이다.

그보다 조금 나이 든 처녀들은 탐스러운 머리채 끝에 달린 빨간 댕기가 너풀대며 춤을 추도록 널을 뛰었고, 더벅머리 총각들은 멍석을 깔고 윷놀이를 하다가 목이 마르면 차가운 식혜를 한 사발 들이켜고 즐거운 명절날이 기울도록 손을 재게 놀렸다.

설날의 풍경은 흥겹고 즐거우며 풍성하다. 1년 중 가장 큰 명절이기도 하지만 새해를 여는 첫날이므로, 이날 하루만큼은 한 해 동안 어려움이 없기를 바라며 형편이 닿는 대로 최대한 상을 보곤 했기 때문이다. 그래서 설날의 세시 음식으로 꼽히는 것들이 많다.

하지만 뭐니뭐니 해도 설날의 화룡점정(畵龍點睛)은 떡국이다.

멥쌀을 물에 불려 곱게 빻은 멥쌀가루를 반죽해 시루에 쪄 낸 뒤 뜨겁고 몰캉몰캉한 반죽을 두 손으로 비벼 길게 늘인 것이 가래떡이다. 이 가래떡은 그냥 먹어도 맛있지만 그늘에서 꾸덕꾸덕하게 말린 뒤 먹기 좋게 썰어 **꿩고기로 낸 육수**●에 넣어 끓이면 더없이 부드럽고 맛있는 떡국이 된다.

꿩을 구하지 못한 곳에서는 대신 닭을 잡아 육수를 내곤 했는데, 여기서 '꿩 대신 닭'이라는 속담이 유래되었다고 한다.

포도당의 이중생활, 녹말과 셀룰로오스

떡국의 주재료인 가래떡은 쌀로 만든다. 쌀로 떡을 만들 수 있는 것은 쌀 속에 다량의 녹말(綠末, starch)이 함유되어 있기 때문이다. 녹말은 포도당 분자가 수백에서 수천 개 이상 길게 연결되어 이루어진 다당류(多糖類)의 일종이다. 포도당이 단맛을 지닌 것과는 달리 포도당 분자가 결합해 만들어진 순수한 녹말은 맛도, 냄새도 없는 흰색의 가루 형태●를 띤다.

녹말을 다른 말로 전분[앙금 전(澱), 가루 분(粉)]이라고 하는데, 찬물에 녹지 않는 데다가 비중이 물보다 커서 찬물에 넣으면 가라앉기 때문에 붙여진 이름이다. 고구마나 감자를 갈아 체에

우리의 혀는 포도당을 단맛으로 느끼지만, 포도당이 결합해 만들어진 녹말에서는 아무런 맛도 느끼지 못한다. 밥 속에 든 탄수화물은 주로 녹말 형태로 들어 있기 때문에 밥은 달지 않다. 하지만 밥을 입 안에 넣고 오랫동안 씹으면 단맛이 느껴진다. 이는 침 속에 들어 있는 아밀라아제(amylase)라는 효소가 밥 속에 든 녹말을 분해하여 포도당으로 조각조각 떨어지게 하기 때문이다.

걸러 낸 뿌연 물을 가만히 놓아두면 아래쪽에 하얀 가루들이 가라앉는데 그것이 바로 전분(녹말)이다.

녹말(혹은 포도당)은 녹색식물이 태양에서 얻어 낸 최초의 에너지이자 생태계를 떠받치는 근본적인 에너지이기도 하다. 식물의 엽록소는 빛을 받으면 탄소를 고정하는 광합성을 하고 그 결과 포도당이 만들어진다. 이를 저장하기 쉽도록 하나로 길게 이어 붙인 것이 녹말이다. 벼 역시 엽록소를 지닌 녹색식물이기 때문에 빛을 받으면 광합성이 일어나 결국 녹말을 만들게 된다.

광합성은 빛을 이용해 공기와 물을 밥과 빵으로 바꾸는 놀라운 마법이다. 식물에 듬뿍 든 초록색소인 엽록소는 뿌리에서 흡수한 물과, 기공을 통해 받아들인 이산화탄소를 기본 재료로 삼고 빛 에너지를 이용해 이들을 구성하는 원자들을 재조합하는 방식으로 **포도당을 만들어 낸다.** 이 과정에서 부산물로 산소가 발생한다. 산소는 식물이 광합성 과정에서 의도치 않게 만들어 내는 일종의 부산물인 셈이다. 이 과정을 공식으로 표현하면 아래와 같다.

광합성 과정 중 식물은 포도당과 약간의 녹말도 직접 만들어 낸다. 이렇게 잎에서 만들어진 녹말을 동화녹말(同化綠末)이라고 한다. 하지만 광합성 과정에서 만들어지는 것은 포도당이 주를 차지하며, 녹말의 경우 뿌리나 줄기 같은 식물의 에너지 저장고로 옮겨지는 과정에서 다시 포도당으로 분해된다. 이렇게 에너지 저장고로 옮겨진 포도당들은 다시 결합하여 녹말과 같은 다당류의 형태로 저장되는데 이를 저장녹말(貯藏綠末)이라고 한다. 주로 우리가 섭취하는 것은 이 저장녹말이다.

$$6CO_2 + 12H_2O + 빛\ 에너지 \rightarrow C_6H_{12}O_6 + 6O_2 + 6H_2O$$

이산화탄소   물   포도당   산소   물

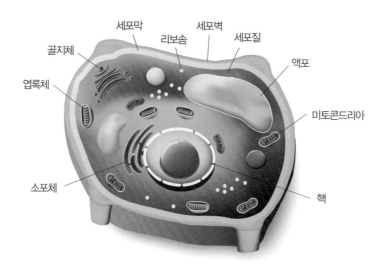

식물 세포의 내부 기관 모습. 이 중 엽록체가 광합성을 하는 곳이다.

화학 교과서에서 흔히 녹말을 $(C_6H_{12}O_6)n$로 표현하곤 한다. 앞서 말했듯 녹말은 포도당$(C_6H_{12}O_6)$ 여러 개가 결합된 구조를 가지고 있는데 그 개수가 수백에서 수만까지 정해져 있지 않기 때문[*]이다. 녹말을 구성하는 기본 입자인 포도당은 육각형의 고리 모양 구조를 가지는데 그 구조에 따라 사슬 모양 포도당, 알파 포도당, 베타 포도당, 이렇게 세 가지 종류가 존재한다. 알파 포도당과 베타 포도당 모두 분자를 구성하는 원자의 종류와 수는 동일하지만 원자의 구조 형태가 약간 다르다. 마치 같은 색과 같은 길이의 털실로

녹말은 탄수화물의 대표적인 형태이다. 녹말 분자 구조를 이루는 원소들을 비율로 나열해 보면 $(C_6H_{12}O_6)$ $n=(CH_2O)$로 간단히 표현할 수 있는데, 이는 결국 탄소(C) 하나에 물(H_2O)이 하나 결합된 구조임을 알 수 있다. 탄수화물의 영어 명칭인 'Carbohydrate'는 '탄소(Carbon)'에 '수화시키다(물을 더하다, hydrate)'라는 단어가 결합되어 만들어진 단어이다. 탄수화물이라는 우리말 역시 '탄소에 물(水)이 더해진 화합물'이라는 뜻을 담아 번역되었다.

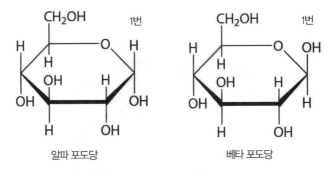

1번 탄소 자리에 결합되는 수소(H)와 수산화기(OH)의 위치가 바뀌어 있다. 이 작은 차이가 두 포도당의 운명을 가르는 중요한 변수가 된다.

만들어진 오른쪽 장갑과 왼쪽 장갑처럼 말이다.

위 그림처럼 알파 포도당과 베타 포도당은 물질의 구성 성분은 동일하지만, 6개의 탄소 중 1번 탄소에 결합된 수소(H)와 수산화기(OH)의 결합 위치가 다르다. 알파 포도당의 경우 수산화기가 아래쪽으로 결합된 반면, 베타 포도당은 수산화기가 위쪽으로 결합되어 있다.

포도당들을 모아 길게 이어 붙여 녹말을 만드는 경우, 첫 번째 포도당의 1번 탄소 부위의 수산화기(OH)와 다음에 올 포도당의 4번 탄소 부위의 수산화기(OH)가 결합되는 과정이 반복되면서 길게 이어지게 된다. 포도당에는 탄소가 6개나 있지만, 이들이 결합할 때는 반드시 앞선 포도당의 1번 탄소와 뒤에 오는 포도당의 4번 탄소가 손을 잡는다. 하필 수산화기의 위치가 차이가 나는 1번 탄소가 결합에 참가하기 때문에 알파 포도당은 알파 포도당끼리, 베타 포도당은 베타 포도당끼리만 결합할 수 있다.

그런데 포도당 수준에서는 알파형이든 베타형이든 큰 차이가 없지만, 이들이 결합하여 중합체가 되는 경우 알파와 베타의 운명은 크게 달라진다. 알파 포도당이 길게 이어지면 녹말이 되지만 베타 포도당이 길게 이어지면 흔히 섬유소 혹은 섬유질이라고 불리는 셀룰로오스(cellulose)가 형성되기 때문이다.

녹말은 주로 생물체의 에너지원으로 사용되지만 셀룰로오스는 식물을 구성하는 일종의 뼈대로 작용한다. 물에 녹지 않는 건 녹말과 셀룰로오스의 공통점이지만, 셀룰로오스는 여기에 동일한 굵기의 강철과 맞먹을 정도로 질기고 튼튼한 특성이 추가된다. 뼈가 없는 식물이 오징어처럼 흐물흐물거리지 않고 제법 꼿꼿하게 설 수 있는 이유 역시 이 셀룰로오스 때문이다.

또한 셀룰로오스는 소화액에 저항하는 특성을 보인다. 인간을 비롯한 대부분의 동물들은 녹말을 얼마든지 소화시킬 수 있지만 셀룰로오스는 소화시키지 못한다. 이는 대부분의 동물들이 체내에, 녹말을 구성하는 알파 포도당을 떼어 내는 효소를 가지고 있지만 셀룰로오스를 구성하는 베타 포도당을 떼어 내는 효소는 가지고 있지 않기 때문이다.

따라서 녹말이든 셀룰로오스든 그 구성 성분은 모두 포도당임에도 동물에게 녹말은 줄줄이 사탕처럼 하나씩 빼어 쓸 수 있는 좋은 에너지원이 되지만 셀룰로오스는 에너지원으로 쓸 수 없다.

녹말(위쪽)과 셀룰로오스(아래쪽)의 결합 구조식. 녹말의 경우 알파 포도당이, 셀룰로오스의 경우 베타 포도당이 결합된 구조로 형성된다.

그저 대변이 잘 나오도록 장을 자극하는 길고 거친 섬유일 뿐이다. 요즘에는 셀룰로오스의 이런 특징을 응용해 변비 치료제나 다이어트 식품을 만들기도 한다. 하지만 기본적으로 생물에게 셀룰로오스는, 달콤한 포도당으로 만들어졌지만 소화시킬 수 없는 '그림의 떡'이나 다름없다.

심지어 풀만 뜯어 먹고 사는, 즉 주로 포도당을 셀룰로오스 형태로 섭취하는 초식동물조차 셀룰로오스를 소화시키지 못하는 경우가 많다. 다만 초식동물은 소화관 내부에 셀룰로오스를 분해시키는 효소인 셀룰레이스(cellulase)를 만드는 미생물을 가지고 있다. 그리고 그 미생물은 셀룰로오스를 분해하여 얻은 포도당을 집주인과 양분해 이용하여 살아간다. 만약 어떤 이유로든 초식동

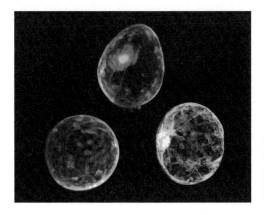

셀룰레이스는 가수분해하는 모든 효소를 이르는 말이다. 가수분해는 금속이 물과 반응하여 녹이 슬거나 사람이 음식을 소화하는 과정 등 물 분자가 작용하여 물질이 분해되는 반응을 말한다.

물이 셀룰로오스 분해 미생물을 소화관에서 잃어버린다면 아무리 풀을 많이 먹어도 셀룰로오스를 분해하여 에너지를 얻지 못해 결국은 **굶어 죽게 된다.** *

예를 들어 나무를 갉아 먹고 사는 흰개미의 경우, 열에 노출되어 장내 셀룰로오스 분해 미생물이 죽어 버리면 흰개미도 얼마 못 가 굶어 죽게 된다. 이들이 살기 위해서는 다른 흰개미들의 배설물을 먹어서 셀룰로오스 분해 미생물을 보충해야 한다.

셀룰레이스를 만들어 내는 미생물은 초식동물의 위장관 안에 자연 발생하는 것이 아니라 어미의 보살핌을 통해 만들어진다. 초식동물의 어미는 소화관 내에서 반쯤 소화되어 셀룰로오스 분해 미생물이 풍부히 들어 있는 먹이를 토해 어린 새끼에게 먹임으로써 새끼가 젖을 떼고 나서도 스스로 살아갈 수 있는 기반을 마련해 준다. 어미의 토사물을 새끼에게 먹이는 행위는 인간의 관점으로는 매우 불결한 행위이지만 초식동물의 경우 새끼의 생존을 위해 어미가 할 수 있는 최선의 사랑이다.

녹말을 구성하는 이란성 쌍둥이,
아밀로오스와 아밀로펙틴

사실 식물은 광합성을 통해 만들어 낸 포도당 중 절반 이상을 녹말이 아닌 셀룰로오스를 만드는 데 사용한다. 해마다 지구상의 식물들은 약 10조kg에 달하는 셀룰로오스를 만들어 내는데, 이는 식물 전체 질량의 33%를 차지하는 양이다. 만약 인간이 셀룰로오스의 베타 결합을 풀어내는 효소를 만들 수 있다면 인류는 기아에 대한 걱정을 하지 않아도 될 것이다. 하지만 이는 아직까지 불가능하므로 에너지를 얻기 위해서는 반드시 녹말을 섭취해야 한다.

우리가 쌀을 식량 작물로 이용하는 것은 바로 쌀 속에 녹말이 풍부하게 들어 있기 때문이다. 그런데 녹말도 역시 아밀로오스와 아밀로펙틴, 이렇게 두 종류가 존재한다. 앞서 말했듯이 녹말은 앞선 포도당의 1번 탄소와 뒤에 오는 포도당의 4번 탄소가 결

아밀로오스

합되어 사슬 모양으로 이어진 중합체다. 이런 식의 평범한 녹말을 아밀로오스라고 한다.

그런데 평범한 사람들 중에서도 튀는 사람들이 존재하듯이, 포도당 중에서도 종종 튀는 분자들이 나타난다. 1번~4번 탄소가 결합되어 이어지는 긴 사슬에서 대략 포도당 25개마다 한 번꼴로 1번 탄소가 다음 포도당의 6번 탄소와 결합하는 '튀는' 행동을 보이는 포도당 무리가 나타나는 것이다. 이런 종류의 녹말을 아밀로펙틴이라고 한다. 아밀로오스가 규칙적인 결합으로 인해 포도당이 긴 사슬 모양으로 늘어선 것이라면, 아밀로펙틴은 '튀는' 결합을 선택하는 포도당들로 인해 25개에 한 번꼴로 구조가 꺾이는 것이 반복되어 전반적으로 복잡한 나뭇가지 모양의 구조를 가진다.

자연적으로 만들어지는 녹말의 70%는 아밀로펙틴이며 나머지

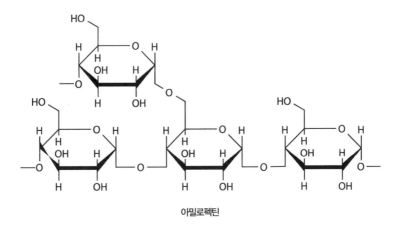

아밀로펙틴

는 아밀로오스다. 단순하지만 재미없는 아밀로오스보다 복잡하지만 톡톡 뒤는 아밀로펙틴이 더 많이 존재한다는 것은, 자연은 획일성보다 다양성을 더 선호한다는 무언의 신호처럼 느껴진다.

인절미와 가래떡, 같지만 다른 혹은 다르지만 같은

앞서 알파 포도당과 베타 포도당처럼 물질은 구성 성분이 같아도 분자 구조가 다르면 그 결과물의 특성도 달라지는 경우가 많다. 아밀로오스와 아밀로펙틴 역시 분자 구조가 다르기 때문에 차이점을 지닌다. 그나마 다행이라면 아밀로오스와 아밀로펙틴의 차이는 녹말과 셀룰로오스가 가지는 차이에 비해서 미미하다는 것이다. 즉 아밀로오스든 아밀로펙틴이든 모두 소화시킬 수 있다는 뜻이다.

쌀을 물에 넣고 끓이면 밥이 된다. 바싹 말라서 그대로 씹었다간 이가 부러질 만큼 딱딱해진 쌀도 밥을 짓고 나면 언제 그랬냐는 듯 부드러워진다. 이는 쌀 속에 포함된 녹말이 호화 반응을 일으켜서 물성이 변했기 때문이다.

호화 반응이란 물이 충분한 상태에서 녹말이 적당한 열과 압력을 받으면 구조가 느슨하게 풀리면서 분자 내부로 물이 흡수되고, 결국 물을 가득 품은 그물 모양으로 변하게 되는 현상을 말한다.

호화된 녹말은 부피가 최대 약 60배까지 증가할 수 있는데 이 과정에서 식감은 부드러워지고 끈적끈적한 **점성**°도 생겨나기에 이를 호화[끈끈할 호(糊), 변할 화(化)]라고 부르는 것이다. 쌀로 밥을 짓는 것뿐 아니라 쌀가루로 쫄깃한 떡을 만들거나 풀을 쑤어 문풍지를 바르는 일이 가능한 것은 바로 녹말이 호화 반응을 일으키기 때문이다.

호화된 녹말은 소화 효소와의 반응률이 높기 때문에, 생쌀보다는 밥이나 떡이 훨씬 소화가 잘된다. 하지만 호화된 상태는 어디까지나 물에 의한 현상이므로 시간이 지나면 녹말 내부에 갇혀 있던 수분이 증발하면서 다시 원래대로 돌아가 딱딱하게 굳는 노화 현상이 일어난다. 갓 지은 밥은 차지고 부드럽지만 찬밥을 오래 놓아두면 겉이 마르면서 생쌀처럼 딱딱하게 굳는데 그게 바로 녹말의 노화 현상이다. 그런데 아밀로오스와 아밀로펙틴은 바로 이 호화와 노화 현상에서 차이를 보인다.

아밀로오스는 분자 구조가 단순하기 때문에 물의 침투가 쉬워 호화도 잘 일어나지만 물을 오랫동안 잡아 두기 어려워 노화도 빨리 진행된다. 반면 아밀로펙틴은 구조가 복잡하기 때문에 물이 침투하기 어려워 호화가 잘 일어나지 않고 또 호화시키기 위해서는 물과 시간이 더 많이 필요하다. 그러나 일단 호화된 뒤에는 복잡한 구조 탓에 물이 증발하기 어려워 노화도 느리게 진행된다.

죽이 밥보다 소화가 잘되는 이유는 호화된 녹말 분자와 소화 효소와의 반응률이 더 좋기 때문이다.

이 아밀로오스와 아밀로펙틴의 차이로 인해 멥쌀과 찹쌀의 특성이 결정된다.

찹쌀은 아밀로펙틴으로만 구성된 반면 멥쌀은 아밀로오스가 10~30% 정도를 차지하기 때문에 멥쌀로 지은 밥은 찹쌀로 지은 찰밥에 비해 식으면 더 빨리 굳어진다. 보온 도시락이 없던 시절, 선조들이 먼 길을 떠날 때 일부러 찰밥을 지어서 가져갔던 이유는 아밀로펙틴 성분의 찰밥은 시간이 지나 밥이 식어도 덜 굳기 때문이었다. 찹쌀로 만든 인절미나 찰떡의 경우 호화 상태가 잘 유지되기 때문에 얼렸다가 녹여도 여전히 쫀득하고 부드러워 다시 찌지 않아도 먹을 수 있다. 하지만 멥쌀로 만든 밥은 갓 지었을 때는 더없이 부드럽지만 시간이 지나면 금세 아래쪽으로 물기가 배어 나오고 위쪽은 딱딱하게 굳어서 식감이 나빠진다.

이렇게 살펴보면 찹쌀이 멥쌀보다 더 좋은 쌀인 듯이 보인다. 하지만 이 둘의 차이는 우열이 아니라 용도의 차이다. 일례로 떡국을 만드는 가래떡은 반드시 멥쌀로 만들어야 한다. 더 말랑말랑하고 더 쫄깃하다고 찹쌀로 가래떡을 만들면 어떻게 될까? 그렇다면 우리는 설날 아침에 떡국 대신 끈적거리고 느른한 풀국을 먹어야 할지도 모른다.

떡국처럼 다량의 물에 넣고 끓이는 경우 찰떡은 지나치게 수분을 흡수하여 모양을 유지하지 못하고 흐물흐물 풀어지지만, 아밀로오스가 함유된 멥쌀로 만든 가래떡은 적당한 수분 흡수로 모양을 유지하면서도 부드럽고 쫄깃한 식감이 보존되기 때문이다.

이번 설날에는 따끈한 떡국으로 뱃속도 채우고 동시에 쌀 속에 숨은 녹말의 과학으로 머릿속도 든든하게 채워 보는 건 어떨까?

밥과 구수한 누룽지

밥이 맛있어야 밥심이 무럭무럭!

준비물 멥쌀 3컵, 찹쌀 1컵, 압력밥솥

요리방법

1. 멥쌀과 찹쌀을 3:1의 비율로 섞어서 찬물에 서너 번 씻은 뒤 30분 정도 물에 불려 둡니다.

2. 씻어 둔 쌀을 압력밥솥에 안칩니다. 압력밥솥은 다른 도구에 비해 물을 덜 먹기 때문에 고슬고슬한 밥을 원한다면 물을 조금 덜 넣는 것이 좋아요.

3. 센 불에서 가열하다가 압력밥솥의 증기 배출구가 딸랑거리기 시작하면 5분 후 중불로 줄이고 10분 정도 더 가열합니다. 누룽지를 좋아한다면 약 불로 줄여서 5~10분 정도 더 가열합니다.

4. 불을 끈 상태에서 증기가 저절로 빠지도록 두세요. 이때 증기 배출구를 열어 증기를 강제로 배출하면 뜸이 제대로 들지 않아 밥맛이 떨어집니다. 그리고 누룽지가 솥에 달라붙어 떨어지지 않아 설거지할 때 애를 먹게 된답니다.

5. 증기가 다 배출되고 나면 바로 밥을 푸세요. 시간이 지나면 밥이 솥 모양 그대로 한 덩어리가 되어 버리거든요. 김이 모락모락 나는 갓 지은 압력솥 밥은 별다른 반찬이 없어도 맛있어요. 구수하고 쫀득한 누룽지는 아이들이 앞다투어 가져가서 남는 것이 없을 정도예요.

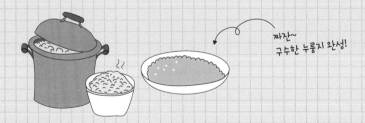

짜잔~
구수한 누룽지 완성!

누룽지 김치 피자

찬밥과 냉장고 속 남은 반찬을 처리할 때 아주 좋아요!

준비물 밥, 김치, 양파, 햄(혹은 스팸이나 소시지), 모차렐라 치즈, 케첩, 기타 냉장고 속 남은 반찬들

요리방법

냉장고 속
남은 반찬으로 토핑!

1. 찬밥을 프라이팬에 펴고 약 불에 구워 누룽지 도우를 만듭니다. 밥이 너무 굳어서 잘 펴지지 않으면 전자레인지에 2분 정도 돌려서 따뜻하게 만든 뒤 약간의 물을 붓고 주걱으로 꾹꾹 눌러 주면 된답니다. 저는 찬밥이 남으면 이렇게 누룽지를 만드는데, 끓인 누룽지는 소화가 잘돼 스트레스를 많이 받는 수험생들에게도 좋습니다.

2. 누룽지가 만들어질 동안 다른 팬을 준비해 햄이나 스팸, 소시지 등을 납작하게 썰어 굽습니다. 양념한 불고기가 있다면 잘게 썰어서 볶아도 좋아요.

3. 기름기가 남은 팬에 잘게 썬 양파와 속을 털어 낸 뒤 송송 썬 김치를 넣어 볶아 냅니다. 양파가 없으면 김치만 볶아도 되지만 김치는 볶으면 매운맛이 강해지므로 김치를 한 번 씻어서 볶거나 설탕을 조금 넣어 매운맛을 중화시켜 주세요. 볶은 뒤 참기름을 둘러 향을 냅니다.

4. 구워진 누룽지 도우를 큰 접시에 옮겨 담고 케첩이나 피자소스를 골고루 바릅니다. 여기에 김치볶음을 펼치고 그 위에 구워 둔 햄과 냉장고 속 남은 반찬 등 토핑을 올립니다. 경험한 바에 의하면 불고기, 어묵볶음, 버섯볶음, 가지볶음 등의 볶음 요리가 토핑 재료로 잘 어울리더군요.

5. 마지막으로 모차렐라 치즈를 듬뿍 뿌리고 전자레인지에 넣어 치즈가 녹을 때까지 데웁니다. 맛도 좋고 아이들에게 밥과 김치를 듬뿍 먹이기도 좋고 냉장고 속에 남은 반찬들을 처리하기에도 좋으니 일석삼조 요리랍니다.

2월: 정월 대보름과 부럼

현대인의 슈퍼 푸드, 견과

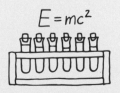

Hi

무병장수를 기원하는 대보름 아침

입춘이 지났다지만 아직은 동장군의 위세가 가시기 전이라 해
가 저물면 인적이 뜸해지기 마련이다. 하지만 오늘 밤만은 예외인
데, 오늘이 바로 정월 열나흗날 밤이기 때문이다. 예부터 정월 대
보름 전날인 열나흗날 저녁에는 '복쌈'이라 하여 오곡밥과 진채
(陳菜, 말린 나물)를 김이나 취나물에 싸 먹는 풍습이 있었다. 그런
데 복쌈은 자기 집이 아니라 남의 집, 그것도 세 집 이상에서 얻어
먹어야 무병장수한다 하여 이날 저녁만큼은 어스름이 깔리기 시
작할 때부터 밤이 이슥해질 때까지 남의 집 밥을 얻어먹으려는

사람들의 발길이 끊이질 않았다. 덕분에 집집마다 다섯 가지 곡물을 안쳐 오곡밥을 짓고, 지난가을에 말려 갈무리해 놓은 나물들을 삶아서 무치는 일로 아낙들의 손길이 바쁘게 움직였다.

그렇게 넉넉하고 배부른 열나흗날 밤이 지나가고 대보름 아침이 밝아 오면 어머니들은 아직 졸린 눈을 비비는 아이들에게 나이 수대로 깨물라며 부럼을 한 움큼씩 손에 들려 주었다. 아이들의 어금니 사이로 파사삭 깨지는 부럼 껍데기의 경쾌한 소리를 안주 삼아 어른들은 귀밝이술을 나눠 마시며 올 한 해는 부스럼과 귓병을 앓지 않고 건강하게 나기를 기원했다.

음력으로 설을 쇤 뒤 맞는 첫 보름날을 일컬어 대보름이라 한다. 이날은 보름 중에도 유난히 달이 크고 밝게 보인다 하여 붙여진 명칭인데, 속담에 '설날은 밖에서 쇠도, 보름은 집에서 쇠라.'는 말이 있을 정도로 우리 조상에게 있어 정월 대보름이 지닌 의미는 컸다. 대보름은 설날부터 시작된 흥겨운 분위기를 마무리하고, 새로운 마음으로 본격적인 한 해를 시작하는 분기점이 되는 날이었다. 따라서 대보름이 되면 마을마다 올해에는 풍년이 들기를 기원하며 하늘에 제사를 지내

쥐불놀이. 논둑이나 밭둑에 쥐불을 놓으면 병해충의 알이나 서식지를 태워 농사 피해를 줄일 수 있으며, 태운 잡초의 재는 거름으로 쓸 수 있다.

거나 줄다리기, 지신밟기, 쥐불놀이, 달집태우기, 다리밟기, 고싸움, **복토(福土) 훔치기** 등 흥겨운 놀이와 함께 천지신명께 복을 빌었다.

또한 대보름은 음식도 풍성했다. 특이하게도 대보름의 만찬은 하루 전날인 열나흗날 저녁부터 시작된다. 전날 저녁 찹쌀, 조(기장), 팥, 수수, 콩을 넣은 오곡밥과 호박고지, 박고지, 말린 가지, 말린 버섯, 고사리, 고비, 도라지, 시래기, 고구마순 등 아홉 가지 말린 나물을 무쳐 취나물이나 김에 싸서 든든하게 먹은 뒤, 대보름 당일 아침에는 부럼을 깨물고 귀밝이술을 마시며 한 해의 건강과 무병(無病)을 기원하곤 했다.

부럼의 과학

부럼이란 대보름날 아침에 까먹는 잣, 밤, 호두, 은행, 땅콩 따위의 견과류를 의미하는 말이다. 부럼을 깨물면 한 해 동안 부스럼에 시달리지 않는다고 하여 특히 아이들에게 반드시 깨물게 했는데, 부럼이라는 말도 부스럼에서 유래한 것이다. 보통은 나이에 따라 개수를 정하고 껍질째 깨물어 소리를 크게 내야 효과가 있다고 믿었다. 그런데 도대체 부스럼이 무엇이기에 이를 피하기 위

딱딱한 껍데기를 가진 견과를 이로 깨무는 풍습에는 이가 튼튼해지기를 바라는 뜻도 담겨 있다.

한 세시 풍속이 생겨난 것일까?

부스럼이란 피부에 생기는 급성화농성염증을 말하는 것으로 다른 말로 '종기(腫氣)'라고도 불렸다. 어떤 이유에서든 피부에 난 상처가 황색포도상구균 등의 화농성 세균에 감염되면 이 부위가 붓고 곪게 되는데 이를 통틀어 모두 부스럼이라고 불렀다. 소독약과 항생제가 발달한 요즘 시대에 부스럼 혹은 종기는 어쩌다가 생기는 귀찮은 증상에 불과하지만 소독약과 항생제가 없던 시절의 부스럼은 때로 패혈증 등 합병증을 유발해 목숨을 앗아 가기도 하는 무서운 질환이었다.

부스럼은 지위고하를 막론하고 사람들을 괴롭혔는데 천하의 지존이라 하는 왕도 예외는 아니었다. 세조(世祖, 1417~1468)가 무수한 신하의 반대를 물리치고, 숭유억불(崇儒抑佛, 유교를 숭상하고 불교를 억제하는 정책) 정책을 펼치던 조선 팔도에 사찰을 세우고 불공을 드렸던 것은 부처의 자비를 구해 온몸에 돋아난 부스럼을 치료하기 위해서였다고 한다. 이것만 봐도 당시 얼마나 많은 이가 부스럼으로 고통받았는지 짐작이 가능하다.

하지만 이런 간절한 기원에도 세조를 비롯해 문종(文宗, 1414~1452), 예종(睿宗, 1450~1469), 성종(成宗, 1457~1494), 정조(正祖, 1752~1800) 등 여러 왕이 부스럼을 앓다가 합병증인 패혈증 등으로 숨졌다는 기록이 남아 있다. 왕실조차 부스럼에 떨었을 정도이니 백성의 공포는 훨씬 더 클 수밖에 없었다. 정월 대보름 아침에 부럼을 깨무는 풍습도 그래서 생겨난 것이다.

흥미로운 사실은 부럼을 깨무는 것이 실제로도 부스럼 예방에 그리 나쁘지 않은 대안이었다는 것이다. 흔히 부럼으로는 잣, 호두, 은행, 땅콩 등의 견과류가 이용되었는데 견과류에는 피부에 기름기를 더해 주는 불포화지방산(unsaturated fatty acid)과 함께 피부 건강에 좋은 비타민(티아민, 토코페롤, 나이아신, 엽산 등)과 무기질(철, 망간, 마그네슘, 아연, 셀레늄 등)이 많이 들어 있기 때문이다.

불포화지방산은 피부가 갈라지는 것을 막아 주고, 비타민 B1이라 불리는 티아민은 피지 분비를 조절해 피부를 보호해 준다. 실제로 티아민이 부족하면 피부에 허옇게 각질이 일어나는 마른버짐이 피기 쉽다. 또한 비타민 E, 즉 토코페롤은 피부 노화를 방지하고 피부가 트는 것을 막아 주기 때문에 모든 종류의 립스틱에 반드시 들어가는 물질이며, 엽산은 피부와 점막을 건강하게 만드는 역할을 한다. 나이아신이 부족하면 구강에 염증이 자주 발생하며, 철분이 부족하면 피부에 건선이 생기고, 아연 부족은 아토피 피부염과 탈모증의 원인이 된다. 마그네슘은 피부에 수분 보호막을 생성시켜 피부를 보호하며, 망간은 유해산소로부터 세포를 보호하고, 대표적인 항산화제인 셀레늄은 아토피 피부염과 습진, 건선, 비듬 등의 피부 질환을 예방하는 역할을 한다.

식품 저장 기술이 좋지 못하던 시절, 기나긴 겨울 내내 신선한 채소와 과일을 거의 접하지 못했던 사람들은 대보름 즈음이면 대부분 비타민과 무기질 부족에 시달리기 마련이었다. 여기에 추위까지 더해져 사람들의 피부는 매우 거칠고 약해져 있었고, 그만큼 부스럼 발생 위험도 높았다. 따라서 정월 대보름에 먹는 부럼은 겨우내 지친 피부에 영양분을 공급해 부스럼을 예방해 주는 선조들의 지혜가 담긴 풍습이었다.

견과, 현대인의 슈퍼 푸드로 주목받다

세월이 지나고 과학 기술이 발달하면서 새로운 영농 기술과 식품 저장 기술이 개발되었다. 그리고 위생에 대한 개념이 널리 자리 잡았으며, 효과 좋은 항생제들이 등장해 굳이 견과류를 섭취하여 피부에 영양분을 보급해야 할 필요성이 줄어들었다. 하지만 근래 들어 견과류에 대한 예찬은 점점 더 커지고 있으며, 건강을 위해 꼭 먹어야 하는 '좋은 식품' 목록에서 늘 상위권에 오른다. 그렇다면 사람들이 이렇게 견과류에 주목하는 이유는 무엇일까?

일반적으로 현대인들은 저(低)지방, 저칼로리 제품을 선호한다. 먹을 것이 흔해지고 비만 인구가 증가하는 현실에서 고(高)지방, 고칼로리 제품들은 다이어트의 적인 경우가 대부분이기 때문이다. 칼로리 측면에서만 본다면 견과류는 그다지 매력적이지 않다. 땅콩 한 알은 약 7kcal이기 때문에 심심풀이로 먹는 땅콩 한 줌은 밥 한 공기의 열량을 넘어선다. 호두 역시 마찬가지여서 호두 한 알(50kcal)이면 사탕 3개의 칼로리와 맞먹는다. 이 밖의 다른 견과류들도 크기에 비해서 열량이 높은 편인데 이는 견과류 대부분이 상당량의 지방을 함유하고 있기 때문이다.

사실 견과류들은 대부분 고지방, 고칼로리 식품이다. 하지만 지방이라면 치를 떠는 현대 다이어트 식단에서조차 견과류는 섭취를 권장하는 품목이다. 그 이유는 '양보다 질'이라는 속담에 숨어 있다. 견과류 속에 든 지방은 양적인 측면에서 보면 고지방, 고칼로리 식품임이 분명하지만 질적인 측면으로 본다면 섭취를 권장해야 하는 '좋은 기름'에 속하기 때문에 이런 이율배반적 현상이 벌어지는 것이다.

좋은 기름 vs. 나쁜 기름?

구성 성분으로만 본다면 삼겹살에 듬뿍 붙어 있는 비계든 땅콩에 포함된 지방이든 별 차이가 없다. 이들 속에 포함된 지방은 모두 1개의 글리세롤과 3개의 지방산으로 구성되며, 글리세롤 하나에 사슬 모양의 긴 지방산 3개가 마치 꼬리처럼 달라붙어 있는 모양을 하고 있다. 동일 성분으로 구성된 물질이 서로 차이가 있다면 그건 이들이 분자 구조나 결합하는 방식의 차이일 수 있다. 앞서 언급했던 녹말과 셀룰로오스처럼 때로는 구조의 작은 차이가 매우 다른 결과물을 만들어 내곤 하는데 고기의 지방과 견과류의 지방 역시 같은 특징을 보인다.

다시 말하지만 지방이라면 모두 글리세롤 1개에 3개의 지방산 사슬로 이루어진다. 그런데 다음 그림에서 보듯 지방산 사슬은 길게 이어진 탄소(C) 사슬을 중심으로 빈틈을 수소(H)가 채워 주는

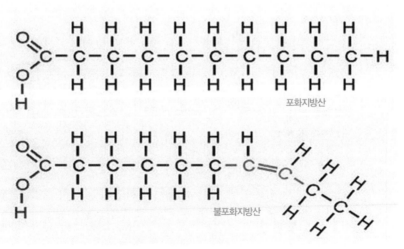

포화지방산과 불포화지방산의 분자 구조식.

구조를 가지고 있다. 탄소는 4개의 결합 부위를 가지므로 사슬 모양으로 늘어선 탄소들은 수소 2개와 결합할 수 있다. 이렇게 지방산을 구성하는 모든 탄소들이 각각 2개의 수소와 결합한 구조를 '포화지방산(saturated fatty acid)'이라고 한다. 지방산을 구성하는 각각의 탄소가 결합할 수 있는 최대 수의 수소와 결합했다 하여 '포화'라는 단어가 붙는 것이다.

그런데 어떤 지방산의 경우에는 일부 탄소들이 서로를 너무 강렬히 사랑해서(?) 자신이 가진 4개의 손 가운데 두 손을 맞잡아 이중결합을 하는 경우가 있다. 원래 수소를 붙잡아야 할 손으로 옆의 탄소를 붙잡아 이중결합을 형성하면 이 탄소 부위에는 수소가 1개씩밖에 붙지 못하게 되는데, 이런 종류의 지방산을 '불포화지방산'이라 한다. 말 그대로 수소를 덜 포함한 지방산이라는 뜻이다.

포화지방산의 경우 지방산 사슬이 직선 모양이어서 차곡차곡 포개지는 것이 가능하지만, 불포화지방산의 경우 이중결합된 탄소 부위에는 수소 2개만큼의 빈 공간이 생겨 지방산 사슬이 꺾이거나 휘게 된다.

포화지방과 불포화지방을 쉽게 구별하려면 실온(약 15~20℃ 기준)에서 고체 상태인지 액체 상태인지 확인하면 된다. 포화지방은 지방산 사슬이 직선 모양이므로 곧게 자란 통나무와 같아서 차곡차곡 쌓이지만, 불포화지방은 지방산 사슬이 꺾여 아무렇게나 휘어 자란 나무줄기와 같으므로 아무리 잘 포개 놓아도 중간에 빈 틈이 생기기 마련이다.

일반적으로 물질의 제형은 그들을 구성하는 분자들의 거리에 따라 달라진다. 거리가 가까우면 고체, 멀어지면 액체, 상당히 떨어지면 기체가 되는 식으로 말이다. 따라서 포화지방의 경우 포개진 지방산들 사이의 공간이 작기 때문에 실온에서 고체로 존재하지만, 불포화지방의 경우 분자 사이에 틈이 생기므로 거리가 떨어져 실온에서 액체로 존재하는 경우가 많다. 따라서 돼지비계나 버터처럼 실온에서 고체 상태이면 포화지방으로 구성된 것이며, 어유(魚油)나 식물성 기름처럼 실온에서 액체 상태로 존재하는 것은 대개 불포화지방*이다. 일반적으로 고기와 육류, 우유 등에 포함된 지방들은 포화지방인 경우가 많고, 식물과 물고기에 든 지방은 불포화지방인 경우가 많다. 그중에서도 견과류는 특히 불포화지방을 많이 가진 식품으로 유명하다.

지방 성분은 실온에서의 제형 차이에 따라 쓰이는 명칭도 달라진다. 실온에서 고체 상태가 되는 포화지방은 지방(fat), 실온에서 액체 상태인 불포화지방의 경우 기름(oil)이라고 불린다.

우리는 흔히 포화지방을 '나쁜 지방'으로, 불포화지방을 '좋은 지방'으로 간주한다. 그래서 불포화지방이 많이 든 견과류를 '몸에 좋은 식품'이라고 하는 것이다. 그런데 흥미로운 사실은 포화지방이든 불포화지방이든 열량 측면에서 본다면 차이가 없다는 것이다. 포화 상태에 상관없이 모든 지방은 1g당 9kcal의 열량이 발생하므로 에너지 발생량에서는 차이가 없다. 지방의 제형 차이

오메가3는 우리 몸에서 만들어지지 않지만 대사활동에 필수적인 불포화지방산이다. 우리는 주로 음식물을 통해 섭취하지만 다양한 건강 보조 식품의 도움을 받기도 한다.

는 진화상 필요에 의해 각 생명체들이 선택한 전략의 차이일 뿐이다.

　일반적으로 자연 상태에서는 먹을 것이 남아도는 경우가 극히 드물기 때문에 모든 생명체들은 약간이라도 에너지가 남는 경우 이를 악착같이 몸속에 저장해 두려고 한다. 동물이 사용할 수 있는 세 가지 에너지원(탄수화물, 단백질, 지방) 중에서 에너지원으로 가장 적합한 것은 지방이다. 탄수화물과 단백질(1g당 4kcal)에 비해 지방은 같은 무게당 2배 이상의 에너지를 발생시키기 때문에 적은 공간에 더 많은 열량 저장이 가능하다. 이러한 저장 용량의 우수성으로 인해 대부분의 생명체는 지방을 에너지 저장원으로 선택해 진화해 왔다.

　그런데 지방 성분 중에서 적재 공간의 효율성 측면에서만 보면 포화지방이 더 우수하다. 포화지방은 구조가 가지런해 차곡차곡 쌓을 수 있어 부피를 덜 차지하기 때문이다. 대부분의 동물이 포화지방의 형태로 에너지를 저장하는 건 이 때문이다.

하지만 모든 동물이 포화지방을 이용할 수 있는 것은 아니다. 포화지방은 고체이기 때문에 이를 에너지원으로 쓸 때는 녹여서 써야 한다. 사람을 비롯한 포유류와 조류는 비교적 체온이 높은 항온동물이므로 포화지방을 녹여서 쓰는 것이 어렵지 않지만, 체온을 유지할 수 없는 물고기나 식물의 경우 추운 겨울철에는 포화지방을 녹이기 어렵기 때문에 차라리 공간을 좀 더 차지하더라도 불포화지방의 형태로 에너지를 비축하는 편이 낫다. 물고기의 경우 중력의 영향을 덜 받으며 식물은 아예 움직일 필요가 없기 때문에, 불포화지방으로 인해 몸의 부피가 커져도 큰 부담이 없다. 그래서 부피가 큰 불포화지방을 저장해도 괜찮은 것이다.

포화지방과 불포화지방은 애초에 그들이 저장되는 생명체의 특성에 따라 선택된 것일 뿐 그 자체로 어느 쪽이 더 좋다거나 더 나쁘다고 판단할 근거는 없다. 다만 지방 섭취량이 필요한 에너지량을 상회하는 현대 사회의 특성상 포화지방의 성질, 즉 쉽게 굳거나 덩어리가 지기 쉬운 포화지방의 제형적 특성이 문제가 될 뿐이다.

혈액 속에 포화지방 성분이 많아지면 이들이 혈관 벽에 달라붙거나 덩어리를 형성해 혈관을 막을 가능성이 높아진다. 여기에 더해 포화지방은 혈액 내 존재하는 콜레스테롤(cholesterol)의 양을 증가시키는 역할을 하고 불포화지방은 감소시키는 역할을 하기 때문에 이래저래 포화지방은 천덕꾸러기가 되는 것이다.

그런데 좀 이상한 점이 있다. 콜레스테롤 자체가 지방의 일종이므로 기름진 음식을 섭취하면 콜레스테롤 수치가 높아진다. 콜레스테롤은 동물만이 합성할 수 있는 물질이므로 동물에 존재하는 포화지방을 많이 섭취하면 콜레스테롤 수치도 당연히 높아질 것이다. 그런데 어떻게 불포화지방은 콜레스테롤 수치를 낮춘다는 것일까? 어쨌든 불포화지방도 지방의 일종인데 말이다.

좋은 콜레스테롤 vs. 나쁜 콜레스테롤?

이 아이러니를 이해하기 위해서는 콜레스테롤의 특성에 대해 알아야 한다. 현대 사회에서 콜레스테롤은 고지혈증의 원인이며 건강을 해치는 주범으로 취급받지만 원래 콜레스테롤은 동물의 세포막을 구성하는 물질이며 성호르몬을 비롯한 다양한 호르몬과 소화에 필요한 담즙을 합성하는 데 꼭 필요한 물질이다. 즉 콜레스테롤이 부족해지면 호르몬 불균형으로 체내 항상성과 면역력이 떨어진다. 특히 성장기 어린이의 경우 세포막의 공급이 원활하지 못하면 성장 발달이 지연되거나 뇌 발달에 문제가 생길 수도 있기 때문에 적정량의 콜레스테롤은 살아가는 데 있어 꼭 필요하다.

이처럼 콜레스테롤은 매우 중요하기에 우리의 몸은 80% 이상의 콜레스테롤을 간에서 생성하는 시스템을 가지고 있다. 이렇게 만들어진 콜레스테롤은 혈관을 타고 신체 각 부분으로 운반되어 각자의 역할을 수행하고, 남는 콜레스테롤은 다시 간으로 운반되어 저장된다. 우리의 신체 시스템이 콜레스테롤 대부분을 스스로 합성하며 게다가 남는 콜레스테롤까지도 몸 밖으로 배출하는 대신 다시 간으로 돌려보내 저장하도록 진화되어 왔다는 사실로 미루어 볼 때 콜레스테롤이 우리 몸에서 얼마나 중요한 역할을 하는지 알 수 있다.

사실 콜레스테롤이 '공공의 적'이 된 것은 최근의 일이다. 음식으로 공급되는 콜레스테롤의 양이 적정 필요량의 20%를 초과하

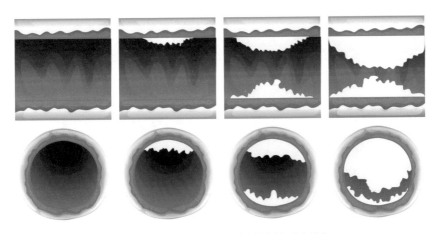

콜레스테롤이 혈관벽에 쌓여 혈관을 막게 되면 동맥경화증을 일으킬 수 있다.

고지방, 고열량식인 정크 푸드는 우리 몸의 콜레스테롤 과잉과 연관된다.

면서 남아도는 콜레스테롤이 혈관 속에 잔존해 고지혈증과 동맥경화, 혈전을 발생시키는 일이 잦아지면서부터다.

앞서 말했듯 콜레스테롤은 간에서 합성되어 혈관을 통해 신체 조직으로 운반된다. 그런데 콜레스테롤은 지방 성분인데 반해 혈액의 주요 구성 물질은 물이다. 알다시피 물과 기름은 섞이지 않기 때문에 콜레스테롤이 혈액 내에서 원하는 방향으로 움직이기 위해서는 이들을 담아서 운반하는 일종의 택배 상자가 필요하다. 인체 내에는 두 종류의 콜레스테롤 택배 상자가 존재하는데 LDL(low density lipoprotein)과 HDL(high density lipoprotein)이 그것이다.

여기서 또 다른 편견이 등장하는데 LDL은 '나쁜 콜레스테롤'이며 HDL은 '좋은 콜레스테롤'이라는 선입견*이다. 보통 건강 검진을 하면 혈액 내 총 콜레스테롤 수치, LDL 수치, HDL 수치 등 세 가지 콜레스테롤 연관 수치를 검사한다. 이때 총 콜레스테롤과 LDL은 낮을수록, HDL은 높을수록 건강하다°고 보기 때문에 LDL은 '나쁘고' HDL은 '좋다'는 선입견이 형성되었다. 하지만 사실 LDL과 HDL 자체는 좋고 나쁨을 논하기 어려운 존재들이다.

엄밀히 말하자면 LDL과 HDL은 콜레스테롤을 운반하는 캐리어(운반체)로 단백질의 일종이지, 콜레스테롤 그 자체는 아니다. 하지만 이들의 역할이 콜레스테롤과 결합해 움직이는 것이기 때문에 일반적으로는 LDL과 HDL을 콜레스테롤이라고 지칭하는 것이다.

LDL과 HDL은 모두 콜레스테롤과 결합하지만 서로 반대 방향으로 움직이는 단백질이다. HDL은 혈액 내 존재하는 콜레스테롤을 수거해 간으로 운반해 저장하는 역할을 하는 반면, LDL은 간에서 콜레스테롤을 꺼내 혈액과 조직으로 유출시키

성인의 경우 혈액 내 총 콜레스테롤 양은 200mg/dl 이하, LDL은 130mg/dl 이하, HDL은 60gm/dl 이상이면 정상 범위라고 본다.

는 역할을 한다. LDL이 제 기능을 해야 세포의 성장과 분열, 호르몬 합성 등에 필요한 콜레스테롤이 공급될 수 있다. 그래서 LDL은 절대로 우리 몸에 해로운 역할을 하는 물질이 아니다. 다만 LDL의 수치가 적정치를 웃돌 경우, 혈액 내 존재하는 콜레스테롤의 양이 많아져 고지혈증과 동맥경화 발생 가능성이 높아지기 때문에 LDL을 보는 시선이 곱지 못한 것이다. LDL의 입장에서 보면 보통 억울한 일이 아닐 수 없지만 어쨌든 LDL의 양이 늘어나면 혈액 내 콜레스테롤의 양도 늘어나기 때문에 건강에 '나쁜' 영향을 미치는 것은 사실이다.

포화지방과 불포화지방은 바로 이 LDL과 HDL의 수치에 영향을 미친다. 즉 포화지방은 LDL의 수치를 높이며 불포화지방은

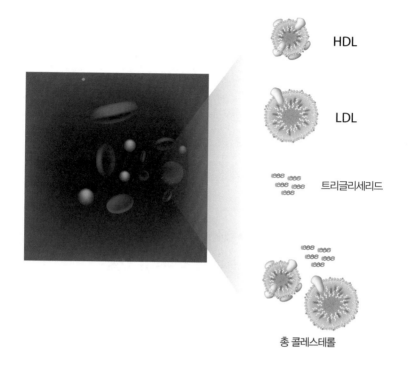

HDL

LDL

트리글리세리드

총 콜레스테롤

콜레스테롤과 결합해 움직이는 LDL과 HDL.

HDL의 수치를 높이는 작용을 한다. 따라서 포화지방은 체내 지방 성분과 혈액 내 콜레스테롤 수치를 모두 높이지만, 불포화지방은 체내 지방 성분을 증가시키기는 해도 HDL을 증가시켜 혈액 내에 유리되어 떠돌아다니는 콜레스테롤 수치를 낮추는 역할을 한다. 그래서 '좋은' 지방이라는 이미지가 만들어진 것이다.

이처럼 포화지방과 불포화지방, LDL과 HDL은 단순히 좋고 나쁘다는 이분법적 시각으로 바라보기에는 무리인 측면이 있다. 이들은 누가 좋고 누가 나쁘다기보다 각각 진화적 필요성에 의해 전략적으로 선택된 '필요한' 물질이다. 예전에는 귀했던 존재가 지금은 천덕꾸러기가 된 것은 이들의 정체성이 변화했기 때문이 아니라 이들을 둘러싼 환경이 변화되었기 때문이다. 정확히는 섭취하는 열량에 비해 소모하는 열량이 많던 시절에 정립되었던 시스템을 가지고 있는 우리의 몸이 정확히 그 반대의 상황에 놓이면서 벌어지는 혼란인 것이다. 부스럼을 막고자 하는 간절한 소망을 담은 부럼과 체중 조절을 위한 다이어트용 간식, 동일한 견과류가 서로 다르게 인식되는 것은 이러한 시대적 차이의 소산인 것이다.

삶은 땅콩

아기들 간식으로 좋아요

준비물 땅콩

요리방법

1. 냄비에 씻은 땅콩을 넣고 땅콩이 푹 잠길 만큼 물을 부은 뒤 30분 정도 삶아
   냅니다. 소금을 조금 넣어도 좋고 그대로 삶아도 괜찮아요.

2. 잘 삶아진 땅콩을 건져서 한 김 식힌 뒤 껍질을 벗겨 먹으면 끝! 속껍질은 벗
   겨도 좋고 안 벗겨도 무방합니다. 삶은 땅콩은 물기를 머금은 채 부풀기 때문
   에 크기가 커지지만 부드러워 특히 아이들이 먹기에 좋아요. 이에 닿는 느낌
   도 쫄깃해서 식감이 독특하답니다.

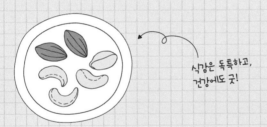

식감은 독특하고,
건강에도 굿!

견과류 약밥

바쁜 아침에 한 끼 식사로 제격이에요

준비물 찹쌀, 밤, 건포도, 호두, 잣, 기타 건과일, 찜기

요리방법

바쁜 아침 든든한
한 끼 식사로도 좋아요~

1. 잘 씻어서 하룻밤 동안 불린 찹쌀에, 껍질을
   벗기고 토막을 낸 밤을 넣어 밥을 짓습니다.
   어차피 나중에 한 번 더 쪄야 하니 불 위에
   오래 두지 말고 애벌로 익힌다는 느낌으로
   밥을 짓도록 합니다.

2. 건포도는 먼지를 털어 내기 위해 물에 한 번 헹궈서 물기를 빼 둡니다. 호두
   는 4~8등분으로 작게 잘라 둡니다.

3. 찹쌀 3컵 기준에 간장 1스푼, 참기름 1스푼, 흑설탕 반 컵을 섞어 양념장을 만
   듭니다. 계핏가루를 조금 넣어 향을 내어도 좋습니다.

4. 솥에서 퍼낸 찹쌀밥에 양념장을 넣어 고루 비빕니다. 밥에 양념장 색이 배어
   들면 잘라 둔 호두와 건포도를 넣고 한 번 더 섞어 약밥을 만듭니다. 이때 잣
   이나 건과일 등을 넣어도 좋아요. 재료들을 잘게 잘라서 준비하는 게 귀찮다
   면 대형 마트의 베이킹 코너를 찾아가 보세요. 잘게 부순 땅콩과 호두, 슬라이
   스한 아몬드, 말린 크랜베리나 건과일 믹스를 쉽게 구할 수 있으니 취향에 따
   라 고르면 됩니다.

5. 김이 오른 찜기에 깨끗한 면보자기를 깔고 4번 과정에서 잘 비빈 약밥을 고
   르게 편 뒤 20~30분 정도 쪄 냅니다.

6. 식기 전에 커다랗고 네모난 통에 랩을 깔고 약밥을 4~5cm 두께로 폅니다.
   식으면 적당한 크기로 길쭉하게 잘라 하나씩 랩에 포장해서 바로 냉동합니
   다. 정신없이 바쁜 아침에 얼린 약식 한 덩이를 꺼내 전자레인지로 2~3분만
   가열하면 든든한 한 끼 식사가 준비된답니다.

3월: 머슴날과 콩 음식

콩이 선사하는 단백질 만찬

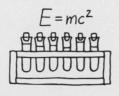

콩 볶는 소리로 시작되는 봄날

오늘은 음력 2월 초하루, 일명 '머슴날'이다. 예로부터 농가에서는 이날을, 길고 지루했던 겨울이 끝나고 한 해 농사를 새롭게 시작하는 시점으로 잡아 부지런히 움직이며 새봄을 맞을 채비를 했다. 처음 하는 일은 겨우내 묵은 먼지를 털어 내는 일이다. 집 안팎을 깨끗이 쓸고 닦고 구석진 곳에 거미줄을 털어 낸 뒤 가축들이 사는 외양간과 마구간, 닭장을 청소하고 건초를 새로 깔아 준다. 부지런히 움직이며 주변을 깨끗이 정리하고 나면 앞으로 농번기에 힘을 써야 할 머슴들을 위한 '머슴 잔치'가 시작된다. 주인들은 술과 음식을 넉넉히 준비해 일꾼들이 한 해 동안 흘릴 땀방울을 미리 위로하고, 머슴들은 맛난 음식으로 배를 채우고 여러 가지 놀이로 흥을 돋우면서 앞으로 펼쳐질 고단한 날들을 이겨 낼 힘을 얻는다.

　머슴들이 이렇게 하루를 즐겁게 보내는 사이, 일반 가정에서는 커다란 솥에 불을 지피고 겨우내 말려 둔 콩을 넣어 볶곤 했다. 콩을 볶는 아낙들과 고소한 냄새를 맡고 가마솥 주변에 몰려든 아이들은 콩이 익기를 기다리며 "새알 볶아라, 쥐알 볶아라, 콩알 볶아라."라는 노래를 불렀다. 올 한 해 동안은 곡식을 축내는 새와 쥐가 없어져 곡식이 무사히 수확되기를 바라는 염원과도 같은 노랫가락이었다. 길고 긴 기다림의 시간이 끝나고 콩이 다 볶아지면, 주머니 한가득 따끈한 볶은 콩을 얻어 든 아이들은 모처럼 푸짐하고 고소한 하루를 보낼 생각에 마음이 들떠서 집을 나서곤 했다.

콩, 가난한 자의 고기

　콩나물, 두부, 비지, 된장, 청국장, 콩죽. 콩을 주재료로 한 음식들은 어쩐지 서민적인 냄새가 물씬 풍긴다. 콩은 옥수수와 밀, 쌀에 이어 세계 4대 곡물에 속하는 주요 식량 자원이지만, 언제나 주인공이라기보다는 주인공을 옆에서 보조하거나 혹은 주인공이 없을 때 대신 쓰이는 대타 같은 존재였다. 그래서일까? 콩은 예부터 '가난한 자의 고기'라는 별칭을 지닌 곡물이었다. 단백질이 풍부하면서도 상대적으로 가격이 싼 콩은 가난한 이들에게 거의 유일한 단백질 공급원이었기 때문이리라.

실제로 콩은 단백질 보급에 있어서 엄청난 '가성비(가격 대비 성능비)'를 자랑한다. 삶은 콩 100g에는 약 18g의 단백질이 함유되어 있는데 이는 같은 무게의 곡물(쌀밥 3g, 찐옥수수 6g)이나 채소(시금치 3.4g, 배추 1.4g)에 비해서 월등히 많은 양이며, 단백질 식품의 대명사로 불리는 달걀흰자(10g)를 넘어서 닭 가슴살(23g)에 육박하는 양이다.

또한 콩은 여타의 작물과는 달리 개간된 밭이 아니라 밭둑이나 논둑, 혹은 뒷마당 등 자투리땅에서도 잘 자라는 데다가 별다른 거름 한 번 주지 않아도 큰 이상 없이 자라는 강인한 작물이라는 특징을 지니고 있다. 때문에 콩은 오랜 세월 가난한 이들에게는 귀중한 식량 자원이자 거의 유일한 단백질 공급원으로써 역할을 톡톡히 해냈다.

콩이 '가난한 자의 고기'로 기능할 수 있었던 것은 단백질 함량이 풍부하기 때문이기도 하지만 더 큰 이유는 앞서 말했듯 척박한 환경에서도 잘 자라기 때문이다. 제대로 된 농지를 가지지 못한 가난한 이들도 재배가 가능하다는 이유가 더 컸던 것이다. 콩은 농지를 가리지 않고 잘 자라며 심지어 반복된 농경으로 지력(地力, 농작물을 길러 낼 수 있는 땅의 힘)이 고갈된 땅을 다시 회복시킬 수 있는 거의 유일한 작물이다. 실제로 봉건사회의 **장원(莊園)** *에서는 밭에 밀 혹은 귀리를 심어서 수확한 다음 해에는 같은 작물 대신 콩을 심곤 했다. 오랜 경험상 콩을 이용해 돌려짓기를 해야만 해당 농지의 지력을 유지시켜 오랫동안 이용할 수 있음을 깨달은 결과였다. 도대체 콩은 어떻게 해서 지력을 고갈시키기는 커녕 지력을 보충해 주기까지 하는 것일까?

중세 유럽 사회에서 주를 이루었던 영주의 지배 조직 단위이자 농촌의 사회 조직 단위. 국왕과 제후, 제후와 기사 사이에 주종 관계가 맺어지면 봉신에게 토지가 주어지는데 이것이 바로 장원이다.

질소, 가장 많지만 가장 부족한 원소

콩이 가진 풍부한 단백질과 척박한 환경에서도 잘 자라는 이유는 모두 공기 중의 질소를 이용할 수 있는 콩의 독특한 특성에 기인한다. 일반적으로 모든 생물은 단백질을 기반으로 구성되어 있다. 단백질은 생명체의 몸을 만들고 효소의 역할을 하며 생리 현상을 조절하는 매우 중요한 물질이다. 따라서 생명체는 단백질이 부족하면 당장 성장이 멈출 뿐 아니라 신진대사가 극히 불안해진다. 단백질은 20가지의 **아미노산(amino acid)** *의 조합으로 이루

아미노산은 아미노기와 카복시기를 가지는 유기화합물로 모든 생명 현상을 관장하는 단백질의 기본 구성 단위이다.

어지는데 그 조합에 따라 수없이 다양한 종류의 단백질이 만들어 질 수 있다. 하지만 어떤 종류이든 간에 단백질이라면 반드시 탄소(C), 수소(H), 산소(O) 그리고 질소(N)로 구성된다는 공통점을 지닌다.

생명체들은 저마다 단백질 합성 시스템을 갖추고 있어 외부로 부터 얻은 탄소와 산소, 수소와 질소를 이용해 단백질을 합성한다. 그런데 단백질을 만드는 원재료 중에서 가장 부족해지기 쉬운 것이 바로 질소다. 특히나 식물의 경우 대기 중 이산화탄소(CO_2)와 뿌리로 흡수하는 물(H_2O)에서 탄소, 수소, 산소는 쉽게 얻을 수 있지만 질소는 다르다. 식물에게 있어 유일한 질소 공급원은 토양 속에 함유된 암모늄염(NH_4^+)이나 질산염(NO_3^-), 아질산염(NO_2^-)과 같은 이온 상태의 질산염류다. 식물은 물과 함께 질산염류를 흡수 하는데, 토양 속 질산염의 양은 한정되어 있고 또한 일단 식물이 빨아들이고 나면 쉽게 보충되지 않아 고갈되기 쉽다.

앞서 말했듯이 생명체는 단백질을 만들어야 생존하고 성장할 수 있으므로 어떤 토양에서 어떤 식물이 얼마만큼 자랄지는 그 토양에 함유된 질산염의 양이 얼마나 되는지에 달려 있다. 우리는 흔히 '땅이 비옥하다'거나 '땅이 지력을 잃어서 농사짓기에 부적 합하다'고 말한다. 그리고 이 말 속에는, 이 땅은 질산염이 풍부한 곳이라거나 혹은 질산염이 고갈된 땅이라는 의미가 담겨 있는 것이다.

그런데 여기서 한 가지 의문이 든다. 토양 속에 질산염이 부족하다고 하는데 사실 질산염의 주재료인 질소(N) 그 자체는 지구 상에서 가장 풍부한 원소 중의 하나이기 때문이다. 지구를 둘러싼 대기의 78%가 질소일 정도로 질소는 지구상에서 가장 흔한 원소에 속한다. 그런데 이상한 것은 대기 중 약 0.035%에 불과한 이산화탄소로부터 식물은 광합성을 하기에 충분한 탄소를 얼마든지 얻어 내면서도 대기의 3/4 이상을 차지하는 질소 기체로부터는 질소를 전혀 얻어 내지 못한다는 사실이다. 사실 이는 식물의 문제라기보다는 질소 기체 자체가 가진 강력한 결합력 때문이다.

일반적으로 우리 주변에 존재하는 원자들은 단독으로 존재하기보다는 다른 원자들과 결합해 분자 상태로 존재하는 경우가 많은데 질소도 마찬가지다. 대기 중의 질소는 질소 원자 그 자체가 아니라 질소 원자 2개가 결합된 질소 분자(N_2)의 형태로 존재한다. 그런데 질소의 화학적 특성상 분자가 되는 과정에서 두 질소 원자 사이에 삼중결합이 형성된다. 나뭇가지 하나는 잘 부러지지만 3개를 겹쳐서 부러뜨리려면 많은 힘이 필요하듯이, 삼중결합으로 단단히 묶인 질소 분자는 어지간해서는 잘 떨어지지 않는다.

단백질 합성용 재료로 쓰기 위해서는 질소 분자를 원자 상태로 하나씩 떼어야 하는데 질소 기체의 삼중결합력은 워낙 단단하고 질겨서 대부분의 생명체는 이를 떼어 낼 엄두조차 내지 못한다. 따라서 식물은 주변에 질소가 널려 있음에도 대기 중의 질소를 전혀 이용하지 못하며, 이들이 이용할 수 있는 질소는 결합력이 약해 원자 상태로 쉽게 떼어 낼 수 있는 암모늄염이나 질산염과 같은 이온 형태의 질산염류뿐인 것이다.

예부터 사람과 가축의 분뇨나 짚을 썩혀 만든 퇴비 등이 논밭에 지력을 보충해 주는 거름으로 이용된 것도 이 때문이다. 가축의 분뇨나 지푸라기 등은 기본적으로 생물체에서 유래된 물질이기 때문에 아미노산이 많이 들어 있고 이를 썩히면 미생물에 의해 아미노산이 분해되어 식물이 이용할 수 있는 형태의 질산염, 예를 들면 암모니아 등이 생성된다. 썩어 가는 두엄 더미에서 풍기는 퀴퀴한 냄새는 식물에게 질소를 공급하는 과정이 순조롭게 진행되어 가고 있음을 의미하는, 어찌 보면 반가운 신호인 것이다. 이를 이용해 현대 비료 회사들은 화학적으로 합성된 질산염을 이용해 인공 비료를 만들고 있다.

이처럼 대기 중에서 질소를 얻기가 어렵기 때문에 인간이 인위적으로 논밭에 시비(施肥, 거름주기)하는 경우를 제외한다면, 토양에 질산염이 보충되는 방법은 매우 한정적이다. 그중 하나는 번갯불이 방전되면서 발생하는 엄청난 에너지가 대기 중 질소의 삼중결합을 끊어서 빗물과 함께 땅속으로 스며드는 경우다. 번개 정도는 되어야 질소의 삼중결합을 끊을 수 있으니 질소의 결합력에 다시금 감탄하게 된다. 그러니 번개의 엄청난 우렛소리는 땅을 비옥하게 만드는 축복의 메아리라 생각하고 너무 두려워 마시길. 하지만 번개보다 더욱 많이 그리고 더욱 자주 일어나는 것이 콩을 비롯한 콩과 식물의 뿌리에 사는 뿌리혹박테리아에 의한 질소고정[●]이다.

공기 속에 있는 질소를 생물체가 이용할 수 있는 상태의 질소화합물로 바꾸는 일을 말한다.

너는 내 운명, 콩과 뿌리혹박테리아

뿌리혹박테리아란 콩과 식물의 뿌리에 공생하는 박테리아의 일종으로, 이 박테리아가 침입하게 되면 그 부위의 조직이 마치 혹처럼 부풀어 올라서 이런 이름이 붙었다. 뿌리혹박테리아는 호기성(好氣性, 산소가 있는 곳에서 생육하고 번식하는 성질) 미생물로 토양의 표층부에 존재하다가 콩과 식물의 뿌리 속에 침투하여 혹을 만들고 그 안에서 공생을 시작한다. 뿌리혹박테리아는 대기 중에 존재하는 질소 기체를 고정시켜 질산염으로 만드는 능력을 가진 질소고정세균의 일종이다. 이들이 콩과 식물에게 질소를 공급해 주면 대신 콩과 식물은 세균이 살아가는 데 필요한 서식처와 탄소를 비롯한 다양한 영양소를 공급해 주며 상생하는 것이다.

다행스럽게도 콩과 식물은 종수만도 약 1만 9,000여 종에 달할

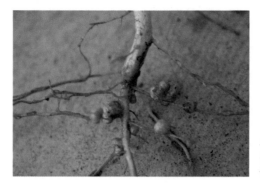

뿌리혹박테리아는 식물의 뿌리에 침입하여 뿌리의 조직 군데군데를 뚱뚱하게 만든다.

정도로 다양하고 흔해서 주변에서 쉽게 볼 수 있다. 그리고 이 모든 종류의 콩(대두, 서리태, 강낭콩, 완두, 렌즈콩, 병아리콩, 녹두, 팥 등)과 땅콩, 토끼풀, 알팔파, 아카시아, 칡, 등나무, 싸리나무 등 얼핏 봐서는 콩을 닮지 않은 것들도 모두 콩과 식물이며 이들 역시 모두 뿌리에 뿌리혹박테리아를 가지고 있다. 황무지에서 가장 먼저 흔하게 자라나는 풀이 토끼풀이고, 척박한 산등성이에도 아카시아가 흐드러지게 피어나고 칡덩굴이 늘어질 수 있는 이유가 바로 이 때문이다.

　뿌리혹박테리아의 정체는 1888년 네덜란드의 바이에링크에 의해 처음으로 알려졌다. 당시까지만 하더라도 모든 뿌리혹박테리아는 같은 종류라고 알려졌으나 이후의 연구를 통해 완두 속에 기생하는 완두 뿌리혹박테리아(Rhizobium leguminosarum), 까치콩 속에 기생하는 까치콩 뿌리혹박테리아(Rhizobium phaseali), 전동싸리 속에 기생하는 전동싸리 뿌리혹박테리아(Rhizobium meliloti), 개미자리 속에 기생하는 개미자리 뿌리혹박테리아(Rhizobium trifolii), 콩 속에 기생하는 콩 뿌리혹박테리아(Rhizobium japonicum) 등등 콩과 식물의 종에 따라 저마다 조금씩 다른 뿌리혹박테리아가 공생하고 있음이 밝혀졌다. 이처럼 종류는 달라도 모든 뿌리혹박테리아는 공통적으로 대기 중의 질소를 고정하는 능력을 지니고 있다.

뿌리혹박테리아 역시도 생명체의 일종이므로 반드시 단백질을 형성해야 한다. 그러나 단백질 형성 시 필요한 질소를 먹거나(동물), 뿌리로 흡수(식물)하는 대신 대기 중에서 직접 뽑아내는 놀라운 능력을 지니고 있다. 이것이 가능한 이유는 뿌리혹박테리아가 대기 중의 질소 분자(N_2)를 환원시키는 효소인 나이트로게나아제(nitrogenase)를 가지고 있기 때문이다. 이 나이트로게나아제의 도움을 받아 뿌리혹박테리아는 질소 기체를 환원시켜 암모니아를 만들고, 암모니아는 곧 암모늄염이 된다. 이를 수식으로 나타내면 다음과 같다.

$$N_2 + 8H^+ + 8e^- \rightarrow 2NH_3 + H_2 \rightarrow 2NH_4^+$$

이렇게 만들어진 암모늄염의 질소는 쉽게 떨어져 나와 단백질을 합성하는 데 이용될 수 있다. 뿌리혹박테리아는 이 과정에서 자신이 쓰고도 남을 만큼 많은 양의 암모늄염을 만들어 내는데,

이들은 남는 암모늄염을 자신과 공생하는 콩과 식물에게 제공하고 대신 서식처와 탄소 등을 제공받는 것이다. 이러한 공생 과정을 통해 콩과 식물은 지구에서 대기가 사라지지 않는 한 질소 부족에 시달릴 염려가 없다는 뜻이므로 아무리 척박한 땅에서라도 물만 있으면 잘 자랄 수 있는 것이다.

인간, 새로운 질소고정 생명체가 되다

생명체는 단백질을 만들어 살아가기 위해 질소가 꼭 필요하지만 대기 중 질소를 직접 이용할 수 있는 생명체는 몇 되지 않는다. 뿌리혹박테리아를 비롯한 몇몇 질소고정세균만이 이를 이용할 수 있다. 수억 년 동안 지구상에서 일어나는 질소고정은 번개와 뿌리혹박테리아를 비롯한 질소고정세균만의 전유물이었다. 하지만 20세기를 기점으로 지구에는 또 하나의 질소고정 생명체가 등장한다. 바로 인간이다.

물론 인간의 몸은 질소를 고정하지 못한다. 여전히 우리는 체내에 필요한 질소를 공급하기 위해 단백질이 든 음식물을 먹어야 한다. 하지만 우리는 기계와 화학약품의 힘을 이용해 질소를 고정시키는 방법을 찾아냈다. 그리고 인간이 새로운 질소고정 생명체가 될 수 있었던 데에는 독일의 화학자 프리츠 하버(Fritz Haber,

1868~1934)의 공이 컸다. 사실 하버 이전에도 대기 중 질소를 고정시키는 방법은 많은 학자의 관심사였고 실제로 질소를 고정하는 방법을 찾아낸 사람도 더러 있었다.

헨리 캐번디시.

인류 최초의 인공 질소고정 방법은 영국의 화학자 헨리 캐번디시(Henry Cavendish, 1731~1810)가 개발한 공기질산법이다. 1785년 캐번디시는 공기 중에 전기를 방전시켜서 만들어지는 이산화질소(NO_2)를 물과 반응시켜 질산을 만드는 데 성공했다. 일종의 '인공 번개'를 만들어 질소 분자를 분해한 것이다. 이 방법은 공기와 물만 있으면 되고 방법 자체도 매우 간단하지만, 전기 방전 과정에서 어마어마한 양의 전력이 필요하다는 치명적인 단점이 있는 데다가 엄청난 전력을 사용함에도 수율(收率, yield)이 너무 낮아 경제성이 없다는 이유로 지금은 거의 쓰이지 않는다.

그다음 발명된 질소고정법은 1898년 독일의 화학자 아돌프 프랑크(Adolph Frank, 1834~1916)와 니코뎀 카로(Nikodem Caro, 1871~1935)가 찾아낸 프랑크-카로 공정(Frank-Caro Process)이다.

프리츠 하버(우)는 질소고정법으로 1918년 노벨화학상을 수상했다. 카를 보슈(좌)와 함께 대량 생산 공정 개발에 성공하면서 질소 비료를 대량 생산할 수 있게 되었지만, 한편 폭탄 제조에 필수적인 질산을 대량으로 생산할 수 있는 길도 열린 셈이 되어 제차 세계대전 발발의 배경이 되기도 하였다.

이들은 칼슘카바이드(CaC_2)에 질소를 반응시켜 석회질소를 얻는 데 성공했다. 이 과정 역시 칼슘카바이드를 만들 때 전력이 많이 들어가긴 하지만 이렇게 만들어진 석회질소는 그대로 비료로 이용이 가능하므로 아직까지 쓰이는 방법 중 하나다.

하지만 현재 가장 널리 쓰이는 질소고정법은 독일의 화학자 프리츠 하버와 카를 보슈(Carl Bosch, 1874~1940)가 1910년 공업화에 성공한 '하버-보슈 공정(Haber-Bosch process)'이다. 하버와 보슈는 고기압(100~200기압)과 고온(200~500℃)에서 산화철(Fe_3O_4)을 비롯한 촉매들을 이용해 질소와 수소를 직접 반응시켜 암모니아를 얻는 방법을 찾아냈다. 하버-보슈 공정은 비록 고기압과 고온이라는 조건이 필요하지만 원료비가 거의 들지 않는데다가 효율적으로 질소를 고정할 수 있는 방법이어서 현재 가장 널리 쓰이는 질소고정법이 되었다.

혹자는 말한다. 20세기 초 16억 명에 불과하던 전 세계 인구가

21세기에 들어 70억 명으로 4배 이상 늘어날 수 있었던 것은 그만큼의 식량 증가 덕분이며, 이 정도로 증산이 가능했던 배경에는 하버-보슈 공정으로 인한 질소비료의 대량 생산이 있었다고 말이다. 심지어 이들은 하버-보슈 공정의 개발 덕분에 인간은 '공기로 빵을 만드는 시대'를 시작했다고 말하기도 한다. 이처럼 대기 중 질소를 고정하는 일은 인간 생활의 큰 변화를 가져왔다. 하지만 우리가 겨우 100년 전에야 알아냈던 비밀을 뿌리혹박테리아는 그와는 비교도 할 수 없을 만큼 오랜 세월 동안 일상적으로 해 왔던 일이라는 사실이 새삼 신기할 따름이다.

질소 부족에서 질소 과잉 상태로

하버-보슈 공정에 의해 질소비료가 대량 생산되기 시작하면서 토양은 이전에 비해 매우 비옥해졌고, 비옥한 땅에서 재배되는 작물들은 크기도 커지고 수확량도 늘어났다. 그런데 바로 이 시점에서 또 다른 문제가 발생하기 시작했다. 반복되는 비료 사용으로 인해 몇몇 농경지는 질산염 과잉 상태가 되었고 여기서 생산되는 작물들 역시 질산염 과잉 상태인 경우가 종종 발생하게 된 것이다. 질산염(NO_3^-) 자체는 우리의 건강에 큰 문제를 일으키지 않으나 우리의 소화기관 속에는 질산염을 아질산염(NO_2^-)으로 바꾸는 아질산균들이 대량으로 서식한다는 것이 문제다.

아질산염은 적혈구 속의 헤모글로빈(Hemoglobin)과 결합하여 적혈구의 산소 운반 능력을 저해하는 훼방꾼 노릇을 톡톡히 하는 물질이다. 헤모글로빈이 아질산염과 결합하면 메트헤모글로빈(Methemoglobin)이 되는데, 메트헤모글로빈은 산소를 운반하지 못하기 때문에 이것이 많이 생성되면 우리 몸은 극심한 산소 부족으로 인해 질식 상태에 빠지고 이 상태가 지속되면 사망할 수도 있다.

다행히 성인의 몸에는 메트헤모글로빈에서 아질산염을 떼어 내는 산화 헤모글로빈 환원효소가 많아서 심각한 질식 상태에까지 이르는 경우는 극히 드물다. 하지만 태아를 비롯해 생후 1년 미만의 아기에게는 이 효소가 부족해 질산염 과잉 섭취가 치명적인 결과로 이어질 수 있다. 보통의 헤모글로빈이 선홍색을 띠는

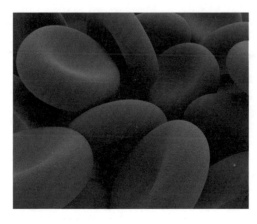

헤모글로빈은 붉은빛을 띠는 색소 단백질이다. 혈액이 붉은빛을 띠는 이유는 적혈구 속에 헤모글로빈이 들어 있기 때문이다.

것과 달리 메트헤모글로빈은 푸른빛이 돈다. 그래서 아기가 질산염을 과다 섭취하게 되면 메트헤모글로빈이 과다하게 형성되어 몸 전체가 푸르게 보이는 블루 베이비(blue baby) 증상이 나타나게 된다.

실제로 1950년대 체코에서는 115명의 아기가 '블루 베이비' 증상을 겪었고 이 중 일부가 사망한 사건이 보도된 적이 있었다. 당시 발병과 사망 원인을 역학조사 하던 학자들은 증상이 나타난 아기들 대부분이 농촌 출신이며 수돗물이 아니라 지하수나 우물을 식수로 사용하는 집에서 자랐음을 알아냈다. 조사 결과, 아기들의 몸이 푸른빛으로 변한 이유는 과다하게 사용된 질소비료 때문이었다. 토양에 과다하게 뿌려진 질소비료가 빗물을 타고 흘러내려 지하수나 우물에 고이게 되었고, 다량의 질산염이 함유된 물을 마신 아이들에게 해를 끼쳤던 것이다.

가난한 자의 고기에서 밭에서 나는 고기로

다시 콩 이야기로 돌아가 보자. 콩은 인간의 도움 없이도 뿌리 혹박테리아와의 사이좋은 공생 관계를 통해 질소를 풍부하게 공급받기 때문에 식물 중에서 가장 많은 단백질 함유량을 자랑한다. 어디서나 잘 자라는 콩은 고기를 충분히 먹을 수 없었던 가난

이제 콩은 '가난한 자의 고기', '밭에서 나는 고기'를 넘어 진짜 고기처럼 변신하기도 한다. 콩고기는 콩을 가공하여 겉모습과 식감이 고기와 비슷하도록 만든 것이다. 육식을 기피하는 사람이나 건강의 문제로 육식을 줄여야 하는 사람에게 영양과 요리를 먹는 즐거움을 동시에 선사한다.

한 이들에게 거의 유일한 단백질 공급원이었다. 하지만 어디까지나 콩은 콩일 뿐 고기는 아니었고, 사람들은 고기를 꿈꾸면서 콩을 먹었다. 하지만 고기가 풍부해진 현대 사회에서도 여전히 콩의 인기는 식지 않고 있다. 고기는 단백질뿐 아니라 지방과 콜레스테롤까지 다량 지니고 있기 때문에 열량 과다 상태인 현대인들에게 오히려 문제를 일으키는 경우가 많다. 이제 우리는 콩을 '가난한 자의 고기'가 아니라 '밭에서 나는 고기'라고 부른다. 인간은 이제야 콩이 지닌 영양학적 우수성을 제대로 인식한 셈이다.

밥두부전

밥과 반찬을 한 번에! 나들이용으로 좋아요

준비물 두부, 밥, 햄, 양파, 당근, 새송이버섯, 기타 다진 야채들, 달걀, 부침가루, 기타 소스들

요리방법

1. 두부는 면보자기에 넣어 물기를 꼭 짜고 으깹니다. 물기를 빼야 반죽이 질척거리는 것을 막을 수 있어요.

2. 햄, 양파, 당근, 새송이버섯은 잘게 다집니다. 기타 다른 자투리 야채가 있다면 모두 잘게 다지세요. 먹기에도 좋고 편식도 예방할 수 있습니다.

3. 따뜻하게 데운 찬밥과 으깬 두부, 다진 재료들을 커다란 볼에 넣고 달걀과 부침가루, 소금을 약간 넣어 잘 치댑니다. 부침가루는 재료가 잘 들러붙을 정도로만 넣어 주고, 달걀도 찬밥 1공기 기준으로 작은 것 1개만 넣어 주세요. 밥이 들어가는 전은 밀가루만 들어가는 것과 달리 누룽지 느낌이 나도록 굽는 게 더 맛있답니다.

4. 잘 치댄 반죽을 먹기 좋은 크기로 떼어 손으로 납작하게 빚은 뒤 기름을 둘러 달군 프라이팬에 지져 냅니다. 손가락처럼 길쭉한 모양으로 만들면 들고 먹기 좋아요.

5. 다 구워진 밥두부전은 그대로 먹어도 좋고, 소스에 살짝 찍어 먹어도 좋아요. 케첩, 허니 머스터드, 월남쌈 소스, 메이플 시럽, 연유 등 다양한 소스로 새로운 요리를 먹는 기분을 낼 수 있어요.

케첩
허니 머스터드

미소된장 두부국
국물이 필요할 때 5분 만에 끓이는 국!

준비물　미소된장, 두부, 미역, 팽이버섯, 어묵이나 해산물

요리방법

1. 미역은 찬물에 불려 잘게 자릅니다. 두부는 1cm 크기로 깍둑 썰고 뿌리를 자른 팽이버섯도 잘게 잘라 둡니다.

2. 국물 멸치나 다시마로 육수를 내면 더 맛있지만, 없다면 그냥 맹물만 끓여도 좋아요. 시중에서 파는 미소된장은 가다랑어 엑기스가 함유된 제품이 대부분이기 때문에 그다지 밍밍하지 않아요.

3. 물이 끓으면 멸치와 다시마를 건져 내고 두부와 미역을 넣습니다. 한 번 끓어오르면 미소된장을 풀어서 끓입니다.

4. 어묵, 맛살, 냉동 새우살, 오징어, 양배추, 단호박, 샤브샤브용 고기 등이 있다면 같이 넣어서 끓여 주세요.

5. 마지막으로 잘게 썬 팽이버섯을 넣고 버섯이 숨이 죽으면 불을 끕니다. 밥을 말아 먹어도 좋고, 소면을 삶아서 말아도 별미입니다.

초간단!

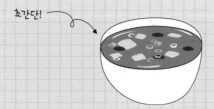

4월: 한식과 찬밥

차가운 음식 속에 숨은 보존의 법칙

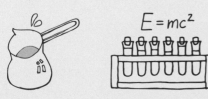

찬 음식으로 차린 푸짐한 밥상

어둡고 추운 밤을 깨우듯 내리쬐는 햇볕만으로도 아침은 충분히 따뜻하고 포근하다. 하지만 그 아침을 더욱더 풍요롭게 하는 것은 아궁이마다 피어오르는 밥 짓는 내음이다. 가마솥에서 뜸이 들고 있는 밥의 구수하고 그윽한 내음은 잔솔가지가 타는 매캐한 냄새와 어우러져 더없이 푸근하다.

하지만 오늘만은 다르다. 오늘 아침에는 어떤 집의 아궁이에서도 연기가 피어오르지 않는다. 주부들은 평소와 달리 갓 지은 따뜻한 밥과 국 대신 어제 미리 만들어 둔 찬 음식을 상에 올렸다.

비록 찬밥과 식은 찬이었지만 그렇다고 오늘의 밥상이 결코 초라한 것만은 아니다. 음식의 온기를 대신해 눈으로 즐길 수 있는 예쁜 별식들이 함께 올라왔기 때문이다. 다진 쑥을 찹쌀가루와 반죽해 만든 쑥떡과

화전

쑥단자는 가장 대중적인 별식이었다. 좀 더 여유가 있는 집에서는 제철에 피는 고운 빛깔의 꽃을 찹쌀부꾸미에 얹은 화전(花煎)과 진달래꽃을 넣어 빚은 두견주(杜鵑酒)를 냈으며, 궁중에서는 고운 분홍빛 창면과 화면*이 유밀과*와 함께 수라상 한쪽 자리를 차지했다. 오늘은 한식(寒食), 말 그대로 불을 피우지 않고 찬 음식을 먹는 날이다.

창면이란 화채의 일종으로, 녹말가루를 반죽하여 익힌 후 얇게 채를 썰어 오미자를 우린 물에 띄우고 꿀을 섞은 것이다. 이때 녹말가루에 제철 꽃을 섞어 반죽하면 화면(花麵)이 된다.

유밀과란 밀가루에 기름과 꿀을 섞어 반죽한 뒤 기름에 지졌다가 다시 꿀에 재워 먹는 전통 과자의 일종이다.

한식의 유래

설과 추석, 단오와 함께 4대 명절 중 하나로 꼽히던 한식은 일반적으로 양력 4월 5일이다. 그런데 간혹 한식이 4월 4일인 경우도 있다. 이는 한식날을 정하는 방식이 다소 독특하기 때문이다.

한식은 해가 가장 짧은 날인 동지로부터 105일이 경과한 날로 정해지는데, 동지가 12월 22일 혹은 23일로 가변적이기 때문에 한식의 날짜도 달라지는 것이다. 또한 4월 5일은 절기상 청명(清明)*이기도 하다. 그래서 많은 이들이 한식과 청명을 동일한 날을 이르는 다른 명칭으로만 알고 있으나 그 유래는 조금 다르다. 청명이 24절기*의 하나로 태양의 움직임에 근거한 날이라면 한식은 두 가지 유래가 있는 명절이다.

한식의 유래 중 하나는 기원전 600년경, 중국 춘추전국시대로 거슬러 올라간다. 당시 진(晉)나라(진시황의 진나라와는 다른 나라이다.)의 문공(文公)에게는 개자추(介子推)라는 신하가 있었다. 문공이 왕위 계승 싸움에서 화를 입고 해외에서 망명 생활을 하던 시절, 개자추는 바로 옆에서 문공을 도운 최측근이었다. 그런데 이상하게도 문공은 왕위에 오른 뒤 가장 중히 등용해야 할 개자추를 쓰지 않았다. 이에 주군에게 배신당했다고 생각한 개자추는 산속으로 몸을 숨기기에 이른다.

훗날 문공이 자신의 잘못을 깨닫고 몸소

본격적인 농사철의 시작을 알리는 절기다. 논농사를 준비하기 위해 논둑의 가래질을 시작하는 날로 알려져 있다.

전통적인 우리네 달력은 달의 차고 이지러짐을 근거로 만들어진 음력(陰曆)이다. 그러나 계절의 변화는 태양의 운동에 의해 결정되므로 음력 날짜와 계절의 변화가 어긋나는 현상이 생긴다. 이를 보완하기 위해 음력에서는 계절의 변화, 즉 태양의 운동을 표시하는 24절기를 도입해 같이 사용한다. 24절기는 태양의 움직임에 근거해 춘분점을 기준으로 삼아 태양이 움직이는 길인 황도를 15° 간격으로 잘라서 사용한다. 즉 춘분일 때 태양의 위치는 황도에서 0°이며, 다음 절기인 청명의 경우 15°, 그다음 절기인 곡우는 30°라는 것이다. 참고로 24절기의 명칭은 '입춘-우수-경칩-춘분-청명-곡우-입하-소만-망종-하지-소서-대서-입추-처서-백로-추분-한로-상강-입동-소설-대설-동지-소한-대한'으로 이어지며, 절기와 절기 사이의 간격은 대개 15일이지만 간혹 14일이나 16일일 수도 있다. 이는 지구의 공전 궤도가 타원형이어서 태양을 15도 도는 데 걸리는 시간이 똑같지 않기 때문이다.

중국 산서성 면산에 위치한
개자추 동상.

개자추가 있는 산으로 찾아가 그를 불렀으나 고집 센 개자추는 나오지 않았다. 난감해진 문공은 산에 불을 놓으면 화마(火魔)를 피해 개자추가 나올 것이라 생각하여 신하들을 시켜 불을 질렀는데 개자추는 끝내 나오지 않은 채 그대로 숨지고 말았다.

까맣게 타 버린 산등성이에서 개자추의 시신을 발견한 문공은 자신의 경솔한 행동을 후회하며 뜨거운 불에 타 죽은 개자추의 원혼을 위로하기 위해 이날만큼은 온 나라에서 불을 쓰지 못하게 하였다. 불을 피우지 못해 음식을 데울 수 없어 찬 음식을 먹어야 했던 사람들은 이날을 '한식'이라 부르게 되었다고 한다.

아궁이와 부뚜막이 있는 재래식 부엌. 부뚜막은 화덕이 발전한 형태이다. 화덕은 열효율이 좋지 않고 연기도 많이 나 굴뚝을 따로 설치해야 했다. 아궁이는 열효율이 좋고 온돌의 아궁이와 연결하면 난방도 가능하며 연기도 쉽게 제거할 수 있는 이점이 있다.

한식에 대한 두 번째 기원은 좀 더 현실적이다. 아마도 〈정글의 법칙〉 같은 텔레비전 서바이벌 프로그램을 본 이들이라면 알겠지만, 아무것도 없는 상태에서 불을 피운다는 것은 매우 어려운 일이다. 하지만 이런 곳에서 기거할수록 불은 꼭 필요하다. 불은 취사뿐 아니라 난방과 조명의 역할도 하고, 맹수로부터의 습격을 방지하는 방범 용도로도 꼭 필요하기 때문이다. 따라서 옛사람들은 부뚜막의 불씨를 꺼뜨리지 않는 것을 매우 중요하게 여겼다. 그래서 해마다 4월 초가 되면 나라에서 새로운 농사를 시작하는 의미로 각 가정의 묵은 불씨를 끄고, 관아에서 새로운 불씨를 나눠 주며 한 해의 농사가 불길이 활활 일어나는 것처럼 흥하기를 바라는 행사를 했다고 한다. 따라서 이날만은 불씨가 없어서 음식을 뜨겁게 데울 수 없었기 때문에 찬 음식을 먹었다고 한다.

음식, 차가워지다

우리의 전통 음식 문화에서는 음식의 따뜻한 온기(溫氣)도 음식의 맛을 구성하는 하나의 요소였다. 우리네 조상들은 차갑게 식은 음식을 달가워하지 않았다. '찬밥'이라는 말에 단지 '지은 지 오래되어 식은 밥(냉반, 冷飯)'이라는 본질적 의미 외에 '중요하지 아니한 하찮은 인물이나 사물'이라는 의미가 담기는 것에서, 밥에 '따뜻함'이라는 요소가 얼마나 큰 역할을 하는지 알 수 있다.

하지만 음식을 먹는 순간에는 따뜻한 밥과 찬이 좋으나, 음식을 오래 두고 먹기를 원한다면 온기는 별로 도움이 되지 않는다. 일반적으로 음식을 상온에 일정 시간 이상 방치하면 쉬거나 상해서 먹을 수 없게 되기 때문이다. 식품은 대개 동식물의 일부로 이루어져 있기에 실온에 놓아두면 미생물이 증식하여 썩을 뿐 아니라 설사 미생물의 침입을 차단한다 하더라도 그 자체의 생물학적 특성에 의해서 스스로 변질되기도 한다.

즉, 무균 상태로 보관한다 하더라도 상온이라면 사과는 스스로

세포호흡®을 하고, 효소 작용을 하고, 에틸렌을 분
비하면서 서서히 익어 가다가 결국 물러진다. 따
라서 미생물의 유입을 막더라도 식재료 자체의
생화학적 변화를 저지하지 못하면 음식은 먹을
수 없는 상태가 된다. 이를 저지하는 가장 효과적

동물, 식물, 미생물 등 생명
체가 영양소를 분해하여 필
요한 에너지를 얻는 작용을
호흡이라고 하며, 이 과정
에서 산소를 받아들여 유기
물을 산화 분해할 때 이산
화탄소가 방출된다.

인 방법 중 하나는 그저 음식을 차게 보존하는 것이다.

음식을 차가운 상태로 보존하면 수분의 증발과 단백질의 변성
을 지연시켜서 최대한 원형 그대로 유지하면서도 오랫동안 신선
도를 지킬 수 있다. 하지만 인공적으로 저온을 유발할 수 없었던
과거에는 저온 보존법이란 겨울에만 가능하거나 혹은 특수한 설
비를 갖춘 일부만 사용할 수 있는 '귀한' 방법이었다.

사실 인류가 낮은 온도에서 음식물을 보관하려고 한 역사는 매
우 오래되었다. 서늘한 온도가 늘 일정하게 유지되는 동굴이나 토
굴에 음식을 보관한 것은 원시적인 저온 보존법이었다.

그 후에는 인공적으로 서늘한 곳에 토굴이나 지하실을 만들거
나 혹은 커다란 저장고를 만들어 겨울 동안 얼음을 캐어 보관했
다가 여름에 사용하는 방법을 이용하기도 했다. 때로는 눈이나 얼
음 조각에 소금을 넣으면 온도가 더욱 내려간다는 사실을 발견해
식품을 냉동시키는 데 이용하기도 했다. 이처럼 얼음에 섞어서 온
도를 더욱 낮추는 물질을 기한제(freezing mixture)라고 한다.

하지만 식품을 차가운 상태로 보존하는 방식이 널리 보급되기

시작한 것은 냉매를 이용해 낮은 온도를 유지시키는 장치, 즉 냉장고가 개발된 뒤였다. 19세기 초반에 에테르를 냉매로 이용한 냉장고가 처음 등장하였고, 19세기 후반 암모니아를 이용한 냉장고가 개발되면서 식품을 냉장 혹은 냉동하여 보존하는 것이 일상화되기 시작했다.

이런 기술적 발전에 힘입어 이미 1890년대에 들어서는 닭고기와 생선, 새우 등의 냉동 보관이 가능해졌으며 1900년대 들어서는 딸기를 비롯한 채소와 과일의 저온 보존이 시작되었다. 음식을 차갑게 보존할 수 있는 기술은 식품의 저장 기간을 늘려 주어 오래도록 신선한 식품을 먹을 수 있게 만들어 주었고, 이는 오래 지나지 않아 전 세계 식량 구조의 재편을 가져오는 커다란 변화로 이어졌다.

식품의 저온 보존이 가능하기 전까지 대부분의 사람들은 그 지역에서 생산된 식료품만 먹을 수 있었다. 몇 달씩이나 걸리는 운반 과정에서 상하지 않고 식품을 보존하기가 어려웠기 때문이다. 따라서 외국으로부터 수출입이 가능한 식품은 대부분 바싹 마른 곡류나 말린 과일, 건어물 혹은 그 자체가 방부제 역할을 하는 향신료 정도였다.

하지만 식품의 저온 보존 기술이 발달하자 거리는 더 이상 문제가 되지 않았다. 드넓은 아메리카 초원에서 자란 돼지나 소의 고기를, 더운 나라에서만 열리는 향기로운 과일을, 멀고 먼 바다에서만 잡을 수 있는 커다란 물고기를 냉동 혹은 냉장시켜 신선한 상태로 운반하는 것이 가능해졌기 때문이다.

또한 이들은 대개 대량으로 생산되었기 때문에 유통 과정에서 드는 비싼 교통비를 감안하더라도 소규모 농장에서 생산되는 농수산물에 비해 가격이 훨씬 쌌다. 덕분에 순식간에 시장을 장악하기 시작했다. 이는 지금도 마찬가지다. 호주산 쇠고기, 태국산 닭고기, 스웨덴산 고등어, 칠레산 포도, 중국산 채소가 국내산에 비해 싼 가격으로 팔리는 것도, 그래서 우리네 밥상을 점령하게 된 것도 모두 식품의 저온 보관 기술이 발달되었기 때문이다.

음식, 차갑게 보존하거나 꽁꽁 얼리거나

식품을 저온으로 보존하는 기술은 크게 냉동과 냉장법으로 나뉜다. 냉동은 빙점(氷點) 이하로 물질을 보관하는 것이고, 냉장은 빙점보다는 높으나 실온보다는 훨씬 낮은 상태(일반적으로 0~10℃)로 보관하는 것이다. 냉장은 저온 상태를 유지해 미생물의 증식을 억제하고 그 자체가 지닌 생화학적 활성을 억제시켜 보관성을 증진시키는 것이고, 냉동은 식품의 수분을 얼려서 미생물이 이를 이용할 수 없게 만드는 것이라는 차이가 있다.

일반적으로 식품을 차게 보관하면 식품 자체의 생화학적 반응

이 낮아진다. 더운 여름날, 깜빡 잊
고 냉장고에 넣어 두지 않으면 과
일들이 너무 익어서 물러 버리는
경우가 종종 발생한다. 일반적으로
채소나 과일 등의 청과물은 미생
물의 증식이 없어도 그 자체의 생
화학적 변화, 즉 호흡 현상·갈변
현상·증산 작용·에틸렌 생합성
등으로 인해 시간이 지날수록 신

갈변 현상.

선도가 급격히 떨어지는데 저온에 보관하면 이런 현상을 억제할
수 있다. 예를 들어 껍질을 벗긴 사과를 방치하면 공기가 맞닿은
부분이 갈색으로 변하는 갈변 현상이 일어난다. 하지만 냉장고에
넣어 두면 색이 변하는 속도가 더뎌진다. 갈변 현상은 사과 속에
포함된 페놀 성분이 폴리페놀 옥시다아제(polyphen oloxydase)
라는 효소에 의해 산소와 반응해 갈색을 지닌 퀴논류로 변화하여
일어나는 현상이다. 즉, 효소에 의한 반응인 것이다.

효소에 의해 매개되는 반응은 효소의 활성이 저하되면 효소가
존재할 때에 비해 반응 속도가 급격히 떨어진다. 대부분의 효소들
은 단백질 성분으로 이루어져 있기에 온도 변화에 민감하다. 따라
서 효소들은 빙점 근처에서 거의 0에 가까운 활성도를 보이다가
온도가 증가함에 따라 비례적으로 활성도가 증가한다.

일반적으로 효소들은 30~45℃에 도달할 때까지는 활성도 증가가 관찰되다가 이 사이의 온도를 정점으로 하여 다시금 활성도가 떨어진다. 따라서 청과물을 빙점에 가까운 온도에 보관하면 효소 활성 저하로 신선도를 오래 유지시키는 것이 가능해진다.

에틸렌의 경우도 마찬가지다. 에틸렌이란 식물의 성숙을 유도하는 일종의 식물 호르몬이다. 다시 사과를 예로 들면, 사과는 처음 열릴 때에는 떫고 푸르지만 에틸렌에 의해 자극을 받으면 붉은색을 띠며 익어 간다. 에틸렌은 이처럼 과실을 성숙시켜 맛있게 익도록 만들기도 하지만 지나치게 많아지면 과실을 물러 터지게 만들기도 한다. 에틸렌의 분비량 역시 온도에 민감하여 온도가 낮을수록 분비량이 줄어들므로 저온에서 보관하면 과실이 익는 속도를 늦춰 보존 기간을 늘릴 수 있다.

또한 다양한 채소류 역시도 하나의 살아 있는 생체 조직이므로 계속해서 호흡과 증산 작용이 일어난다. 이 과정에서 내부에 포함된 수분이 빠져나가므로 물기가 빠진 채소는 싱싱함을 잃고 시든다. 그런데 저온 보관은 청과물에서 일어나는 호흡과 증산 작용을 억제해 시드는 데까지 걸리는 시간을 연장시켜 준다.

둘째, 식품을 차게 보존하면 미생물의 증식도 억제할 수 있다. 앞서 말했듯이 단백질은 온도 변화에 민감하게 영향을 받는데 미생물 역시 단백질로 이루어진 생명체이므로 온도 변화에 따라 활성도가 달라진다.

대부분의 미생물은 인간의 체온과 비슷한 온도에서 가장 활발히 활동하고 온도가 떨어지면 활성이 저하된다. 때문에 빙점 혹은 그 이하의 온도에서는 미생물의 번식과 증식이 극히 느려져 식품을 보존하는 데 도움이 된다.

또한 발효 식품을 저온 보관하면 발효 과정을 중단 혹은 지연시켜 발효된 상태를 오래도록 유지할 수 있다. 예를 들어 우유를 발효시켜 요구르트를 만드는 경우, 일단은 40℃ 전후의 온도에서 유산균이 증식하도록 만들어야 하지만 적당히 발효가 되면 냉장고에 넣어 차갑게 식혀야 한다. 그러면 유산균의 증식이 지연되어 적당히 발효된 상태가 유지된다. 하지만 실온에 계속 두면 발효가 계속 일어나 새콤한 요구르트가 아니라 시큼하게 상한 우유 덩어리가 될 가능성이 높아진다.

하지만 여기에서 주의해야 할 것은 저온이 미생물의 활성을 낮출 뿐 아예 멈추게 만들지는 못한다는 것이다. 그러니 냉장고에 보관했다고 해서 계속 신선도가 유지되는 건 아니며 또한 미생물의 종류에 따라 오히려 저온에서 증식이 활발해지는 것도 있다. 실제로 세균 중에는 낮은 온도를 좋아하는 저온세균들이 존재한다. 이들은 오히려 낮은 온도를 좋아하므로 냉장고 속에서 더 잘 번식한다. 냉장고가 이런 저온세균들의 온상이 되는 것을 원하지 않는다면 평소 냉장고 청소를 열심히 하고 냉장고에서 보관한 음식이라도 일정 시간이 지나면 과감히 버려야 한다.

셋째, 저온으로 보관하면 수분을 제거하여 일종의 건조 효과를 더할 수 있다. 수용액을 일정 온도 이하로 냉각시키면 수용액 자체가 어는 것이 아니라 수용액 속에 들어 있는 수분이 빠져나와 순수한 얼음 결정이 먼저 형성된다. 우유를 통째로 얼리는 경우 아래쪽은 그대로 진한 우윳빛을 띠지만 위쪽은 맑은 물과 같은 형상으로 층이 나뉜다. 이는 우유가 냉각되면서 빙점이 낮은 물이 먼저 얼음 결정을 형성하기 때문에 나타나는 현상이다.

이를 조심스럽게 이용하면 수용액에서 맛과 향기를 내는 성분과 영양소들은 그대로 둔 채 수분만 얼려서 제거하는 것이 가능하다. 이를 동결 농축이라고 하는데 이 방법을 이용하면 포도주나 액상 분유 등을 더욱 진하게 만들어 보관할 수 있다.

비슷한 원리로 동결 건조법도 식품의 저장성을 높이는 데 도움이 된다. 동결 건조란 일단 음식을 얼린 뒤 압력을 낮춰 수분을 언 상태에서 그대로 승화(昇華)시키는 것을 뜻한다. 일반적으로 물은 온도 변화에 따라 얼음 → 물 → 수증기의 형태로 변화하는 것이 보통이지만, 온도가 낮더라도 기압이 낮으면 얼음은 물의 형태를 거치지 않고 바로 수증기로 바뀌게 되는데 이를 승화라고 한다.

음식을 얼린 뒤에 승화시키면 얼음 결정이 있던 자리가 그대로 빈 공간으로 남기 때문에 동결 건조된 식품은 내부에 무수히 많은 빈 공간을 가지게 된다. 이 공간들은 물과 닿으면 빠르게 수분을 흡수하여 원상으로 복구되기 때문에 물만 부어 먹는 간편한

부드러운 식감과 고소한 맛을 자랑하는 연어는 특히 오메가3, 비타민 A, 비타민 D를 많이 함유하고 있어 인기가 높다. 그러나 연어는 우리나라의 바다에서 잡히지 않기 때문에 많은 양을 해외에서 수입한다. 이때 먼 바다에서 잡힌 연어는 급속 냉동하여 신선함을 유지한다.

인스턴트식품을 만들 때 많이 활용된다. 인스턴트커피나 즉석식품에 든 건조야채 등 뜨거운 물만 부으면 바로 먹을 수 있는 식품들은 동결 건조 방법을 이용한 대표적인 저장 식품들이다.

넷째, 특수한 방법으로 저온 처리하면 식품의 질감과 싱싱함을 그대로 유지할 수 있다. 냉동 보관된 참치나 연어가 싱싱한 식감을 유지할 수 있는 비밀은 급속초저온동결법에 있다. 일반적으로 생물체를 얼리면 세포 속에 포함된 물이 얼면서 결정을 형성하게 되는데 이 과정에서 뾰족한 얼음 결정들이 세포막을 손상시킬 수 있다. 그래서 냉동된 고기를 해동시키면 찢어진 세포막을 통해 세포 내부의 수분과 함께 육즙이 빠져나와 고기도 퍽퍽하고 식감이 나빠지는 것이다.

하지만 이들을 냉동시킬 때 -70℃ 이하의 초저온에서 급속도로 냉각시켜 물이 얼음 결정을 형성할 시간을 주지 않으면 세포막의 파괴가 줄어 조직의 변성을 최소화할 수 있다. 이렇게 초저온에서 급속동결시켰다고 하더라도 온도가 올라가면 다시 얼음 결정이 형성될 수 있으므로 -32℃ 이하의 온도에서 보관해야만 오랜 시간이 흘러도 갓 잡았을 때의 신선함을 유지할 수 있다.

차가움을 즐겨라

이처럼 음식을 차게 보관하는 것은 음식을 오래 보존하는 데 도움을 준다. 하지만 현대인들은 음식의 보존뿐만 아니라 종종 음식의 맛과 식감을 즐기기 위해서 저온을 이용하기도 한다. 대표적인 음식이 아이스크림이다. 달고 부드러운 아이스크림의 비밀은 공기에 있다. 단순히 재료를 얼린다고 아이스크림이 되는 것이 아니다. 우유를 그대로 얼리면 아이스크림과는 전혀 느낌이 다른 딱딱한 우유 얼음이 만들어질 뿐이다. 아이스크림은 아이스크림 원액에 공기를 분사해 이것들을 섞으면서 서서히 얼려야 한다.

어떤 물질을 냉동시킬 때 공기가 유입되어 부피가 증가되는 현상을 오버런(over-run)이라고 한다. 아이스크림 원액은 오버런 과정을 거쳐야 부드러운 질감을 가지는 아이스크림으로 변신한다. 일반적으로 아이스크림을 제조할 때 오버런 비율(아이스크림 원액에 대한 공기의 비율)은 80% 정도이므로 아이스크림의 약 45%가 공기인 셈이다.[*] 우리는 아이스크림을 먹을 때 얼린 공기의 시원함을 즐기는 것이다. 단지 음식을 데울 수가 없어 어쩔 수 없이 찬 음식을 먹던 시절에서, 저온을 이용해 음식을 보관하고 그렇게 만들어진 찬 음식을 즐기는 시대로 우리의 음식 문화도 변모하고 있는 것이다.

모든 아이스크림이 다 그런 것은 아니다. 흔히 '구슬 아이스크림'이라고 불리는 작은 알갱이 형태의 아이스크림에는 공기가 거의 없다. 하지만 영하 197℃의 초저온 상태인 액체질소를 이용해 순식간에 얼리므로 얼음 결정이 거의 만들어지지 못해 매우 부드럽다.

블루베리 우유 슬러시

가장 간편하게 만드는 아이스크림

준비물   냉동 블루베리, 찬 우유

요리방법

1. 가능한 한 우유는 차가운 것을 씁니다. 우유를 냉동실에 30분 정도 두어서 얼지 않을 정도로 차갑게 하면 더욱 좋아요.

2. 도자기 재질의 그릇에 냉동 블루베리를 담고 블루베리가 잠길 정도로 차가운 우유를 붓습니다.

3. 숟가락으로 블루베리+우유를 재빨리 휘저어 주세요. 꽁꽁 언 블루베리와 찬 우유가 만나면 블루베리는 적당히 녹고 우유는 슬러시 형태로 변해서 따로 갈지 않아도 블루베리 슬러시가 만들어진답니다.

4. 아이스크림처럼 그냥 먹어도 좋고, 믹서에 갈아서 스무디 형태로 먹어도 좋아요.

여름엔 시원한 슬러시~

냉묵밥

덥고 나른한 날에 한 끼 식사를 책임지는 별미

준비물 묵, 김치, 냉면 육수, 설탕, 참기름, 깨소금, 김 가루, 얼음

요리방법

1. 도토리묵이나 청포묵을 새끼손가락 크기로 썰어 둡니다. 쫑쫑 썬 김치는 설탕과 참기름과 깨소금을 넣어 조물조물 무칩니다.

2. 묵밥용 육수는 미리 만들어 놓으면 좋지만 없다면 시판되는 냉면 육수를 이용하면 간편하게 만들 수 있어요. 냉면 육수는 차갑게 보관해 둡니다. 냉동실에 2시간 정도 넣어 두면 슬러시 형태가 되어 냉묵밥을 더욱 시원하게 즐길 수 있어요.

3. 커다란 그릇에 묵을 담고 차가운 냉면 육수를 부은 뒤 김치무침을 얹고 김 가루를 뿌립니다. 뜨거운 밥과 함께 반찬으로 먹어도 좋고, 찬밥을 말아 먹어도 맛있어요. 아이들에게는 매운 김치무침 대신 잘게 썬 단무지를 얹어 주면 더 좋아합니다.

별이!

5월: 단오와 수리취떡

식물의 화학무기, 알칼로이드

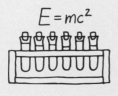

여름의 입구에서 잠시 쉬어 가는 날

음력 5월 5일, 오늘은 4대 명절 중 하나인 단오(端午)다. 거리에는 수리취떡을 손에 든 아이들이 눈에 띈다. 수리취떡에는 수레바퀴 모양이 찍혀 있는데, 이는 단오를 일컫는 수릿날에서 유래한 것이다. 동음이의어인 '수리'가 수레를 뜻하므로 수레바퀴 문양의 떡살을 만들어 재액을 물리치고자 했다. 갓 뜯은 싱싱한 수리취나 쑥을 듬뿍 넣어 만든 수리취떡에는 앵두를 따서 꿀에 재웠다가 오미자 우린 물에 띄운 앵두화채가 제격이었다. 초록색 수리취와 선홍색 앵두화채를 곁들이면 눈과 입이 모두 즐거워졌다.

단오는 본격적으로 다가올 여름에 대비해 잠시 쉬어 가는 날이기도 했다. 따라서 단옷날 궁중에서는 더위에 대비하는 단오선(단오에 만드는 부채)을 만들어 임금님께 진상하고 제호탕을 준비했다. 제호탕이란 오매육˙, 초과˙, 백단향˙ 등의

오매육(烏梅肉)이란 매실 과육을 짚불 연기에 그을려 말린 것으로 검은빛이 돌아 오매육이라 불린다.

초과는 생강과에 속하는 초두구의 열매이다.

백단향은 껍질 벗긴 단향나무의 속줄기이다.

한약재를 곱게 갈아 꿀에 섞은 뒤 큰 솥에서 물과 함께 끓인 후 중탕으로 은근하게 졸여서 만든 것이다. 졸여서 끈적끈적해진 제호탕은 항아리에 보관했다가 더위에 지칠 때마다 냉수에 타서 마셨는데, 쌉싸름하면서 개운한 맛이 잃었던 생기를 일깨워 주는 일종의 건강차였다.

제호탕.

준치만두.

수리취떡.

앵두화채.

단옷날 민가의 저녁상에는 준치가 밥상의 주인공으로 나섰다. 단오 즈음이 산란기이기 때문에 통통하게 살이 오른 준치로 끓인 준칫국만으로도 밥 한 그릇이 아쉬울 정도였다. 하지만 진짜 별미는 따로 있었다. 준칫살에 쇠고기, 두부, 표고, 오이를 다져 넣고 둥글게 빚어 녹말가루를 묻혀 삶아 낸 준치만두야말로 단오의 별미였다. 맛깔난 준칫국물에 준치만두를 곁들여 먹노라면 그 맛이 기가 막혀 '썩어도 준치'라는 말의 의미를 저절로 깨닫게 된다.

조선 후기 풍속화가 신윤복이 단옷날의 풍경을 그린 단오도(端午圖). 개울가에서 멱을 감고 그네를 뛰는 여인들의 모습을 생생하게 묘사했다. 이 작품은 현재 서울 간송미술관에 보관되어 있다.

단오, 가장 양기가 왕성한 날

우리네 전통적인 풍습에 따르면 홀수는 양(陽)을, 짝수는 음(陰)을 의미하는데 홀수가 두 번 겹치는 날인 1월 1일(설날), 3월 3일(삼짓날), 5월 5일(단오), 7월 7일(칠석), 9월 9일(중양절) 등은 양기가 겹친다 하여 매우 길한 날로 여겨지곤 했다. 그중에서도 단오는 새해의 첫날인 설과 더불어 우리 조상들에게는 가장 큰 명절 중 하나였다. 단오는 민간에서 종종 수릿날이라고 불렸는데 그 유래는 다양하다. 가장 많은 이의 지지를 받는 건 단옷날이면 떡으로 만들어 먹는 수리취에서 유래된 말이라는 것이다.

하지만 어떤 이는 고(高)·상(上)·신(神) 등을 의미하는 옛말이 '수리'이기 때문에 '신의 날', '최고의 날'이란 뜻에서 이러한 이름이 붙었다고도 하고, 다른 이는 단오를 쇠는 풍습이 중국에서부터 전해졌다는 이유를 들어 중국 춘추전국시대 초(楚)나라 사람인 굴원(屈原)이 수뢰(水瀨)에 빠져 죽은 날이라 수릿날이라는 이름이 붙었다고도 한다. 이름이야 어떻든 간에 단오는 설과 한식, 한가위와 더불어 우리 민족 4대 명절 중 하나였고 다양한 풍속과 먹거리, 즐길 거리가 많은 날이었다.

특히 음력으로 5월 5일인 단오는 양력으로는 5월 말에서 6월 중순, 즉 늦봄에서 초여름 사이에 들기 때문에 산과 들이 온통 초록으로 덮이는 시기이다. 따라서 단오의 행사 중에는 유독 산천에 피어나는 식물과 관련된 것이 많다. 파랗게 자라난 수리취나 쑥을 뜯어 떡을 해 먹는 것 외에도 이날 상추밭에는 해 뜨기 전부터 처녀와 아낙들의 발걸음이 계속 이어졌다고 한다. 이른 아침 상추에 맺힌 이슬을 받아 얼굴에 바르면 한 해 동안 마른버짐이 피지 않고 피부가 고와진다는 속설 때문에 혼기가 찬 처녀들은 볼을 붉히며 이슬을 모았고, 젊은 아낙들은 젖먹이 어린것의 얼굴을 이슬로 문질러 주기도 했다.

들뜬 마음으로 아침을 먹고 나면 아낙들은 해가 더 높아지기 전에 바구니를 끼고 서둘러 들로 나섰다. 단오는 1년 중 가장 양기가 왕성한 날이며 그중에서도 양기가 최고조에 이른다는 오시(午時, 오전 11시~오후 1시)가 지나기 전에 약쑥과 익모초, 찔레꽃 등 1년 동안 쓸 약초들을 갈무리해 볕에 널어 두기 위해서였다. 기(氣)가 약해지거나 흐트러지면 질병이 생기고 건강이 나빠진다고 생각했던 사람들은 양기를 듬뿍 머금은 시기에 캔 약초들이라면 질병 치료에 더욱 효험이 있을 것이라고 믿었다.

창포.

아낙들이 약초를 갈무리하는 사이 젊은 처녀들은 동네 어귀 큰 나무에 그네를 매고 누가 높이 뛰는지 재주를 겨뤘다. 그네를 뛰는 처녀들의 오색 치맛자락과 붉은 댕기가 파란 초여름 하늘 위로 너울거리는 건 참으로 아름다운 풍경이었다. 약초를 모으던 아낙들과 그네를 뛰던 처녀들은 오후가 되면 너나 할 것 없이 개울가로 모여들었다. 이들은 개울물로 잠시 더운 몸을 식힌 뒤 솥을 걸고 창포를 삶았다. 창포 삶은 물에 머리를 감으면 1년 내내 삼단 같은 머릿결을 유지한다는 믿음 때문이었다. 아낙들은 창포 삶은 물로 정성껏 감아서 깨끗이 손질한 머리를 정갈하게 땋은 뒤 창포 뿌리를 다듬어 만든 비녀를 꽂아 쪽을 지었다. 그러면 한 해 동안 머리에 삿된 귀신이 들지 못해 두통이 생기지 않을 터였다.

여자들이 소소한 놀거리들을 즐기는 동안 남자들은 장터에 모여들었다. 단옷날이면 어지간한 장터 마당에는 씨름판이 벌어지기 마련이었다. 동리마다 힘깨나 쓴다는 장정들은 우승 상품으로 걸린 실한 송아지에 눈독을 들이며 샅바를 거세게 잡아당겼다. 그네를 뛰는 처녀들의 상쾌한 웃음소리와 창포물에 머리 감는 아낙들의 경쾌한 수다 소리, 씨름판에서 울려 퍼지는 남정네들의 왁자지껄한 함성 소리가 어우러져 단오는 매우 흥겹고 소란스럽게 흘러갔다.

식물에게 내려진 특명, 천적으로부터 몸을 지켜라!

오래전부터 사람들은 식물이 단지 식용의 용도가 아님을 알고 있었다. 식물은 다양한 약리 효과를 가지고 있어서 적절히 사용하면 훌륭한 천연 약재로 기능한다. 사실 식물이 '약'으로 쓰인다는 비밀을 찾아낸 것은 인간만이 아니다. 약 40여 년 전, 동물학자들은 고릴라와 침팬지 등 영장류가 때때로 평소에는 전혀 손대지 않는 식물을 일부러 찾아서 먹는 모습을 발견하고는 의아해 했다. 그들이 별식으로 찾는 식물은 쓴맛이 강해 평소에는 거들떠보지도 않던 종류이거나 혹은 나무껍질처럼 맛도 없고 먹어도 소화시킬 수 없는 종류였기 때문이었다. 이들이 이러한 이상 행동을 보이는 이유는 곧 밝혀졌다. 섭취한 것은 '못 먹는 풀'이 아니라 '효험 있는 약초'였다. 허기를 달래기 위해서 아무거나 마구 먹은 것이 아니라 통증을 가라앉히고 특정한 효과를 얻기 위해 이런 식물을 일부러 골라 먹었던 것이다.

최근 발표된 프랑스 자연사 박물관의 마시 박사 연구팀의 연구에 따르면 야생에 사는 고릴라와 침팬지 등의 영장류는 적어도 26~36종의 약용 식물을 이용하며 증상에 따라서 특정 약용 식물을 골라서 복용할 만큼 약초에 대한 지식이 해박하다고 한다. 예를 들어 이들이 가끔씩 섭취하는 '모노도라 미리스티카'라는 식물은 현지 주민이 위장병과 두통을 완화시키기 위해 사용하는 약

모노도라 미리스티카는 인도네시아 몰루카제도가 원산지인 쌍떡잎 식물로 '육두구(肉荳蔲)'라고도 불린다. 열매는 말려서 방향제나 약제로 쓰이며 향신료로 활용되기도 한다.

초이며, 고릴라가 먹는 '에리스로플레움 수아베오렌스'는 항균 효과를 지닌 식물로 실제 효능도 뛰어난 것으로 알려져 있다.

이처럼 많은 식물은 식용뿐 아니라 약용으로도 가치가 있다. 그렇다면 왜 식물이 이런 약리작용을 하는 것일까? 그건 기본적으로 식물이 움직이지 못하는 생명이라는 사실에서 기인한다. 움직이지 못한다는 것은 오랜 세월 한자리에 있다는 것이고 천적이 온통 헤집고 뜯어 놔도 전혀 피할 수가 없다는 말과 같다. 따라서 식물은 움직이지 못한다는 핸디캡을 이겨 내기 위해 천적에 대응하는 다양한 방식을 개발해 냈는데 그 대응법 중 하나가 바로 '화학무기'를 개발해 장착하는 것이었다. 식물은 맛이 아주 이상하거나 혹은 독성이 있는 화학물질을 합성해 몸에 지님으로써 천적이 한 입 먹고는 혀를 내두르며 도망가게 만들거나 혹은 해를 입혀 다시는 탐하지 못하게 만드는 방법을 선택한 것이다.

예를 들어 덜 익은 과일류에 많이 포함된 타닌(tannin)은 매우 떫은맛을 가지고 있어서 열매를 노리는 천적들이 이를 함부로 먹지 못하며(타닌의 맛을 알고 싶으면 밤의 속껍질을 먹어 보면 된다. 알밤의 맛있는 속살과는 다르게 떫어서 진저리가 날 정도인데 이는 바로 타닌 때문이다.) 투구꽃에 들어 있는 아코니틴(aconitin)은 동물을 마비시켜 죽게 만드는 맹독성의 물질(사극에서 나오는 '사약'의 주성분이 바로 식물에서 추출한 아코니틴이다.)이다. 이처럼 식물은 다양한 화학물질을 만들어 천적으로부터 스스로를 지킨다. 그리고 우리는 이러한 화학물질을 '알칼로이드(alkaloid)'라는 이름으로 부르고 있다.

식물이 만들어 낸 화학무기, 알칼로이드

알칼로이드는 질소 원자를 가지는 화합물을 일컫는 말로 대부분의 경우 이름처럼 알칼리성을 가지는 물질이다. 알칼로이드라는 이름을 처음 사용한 것은 독일의 약제사 카를 마이스너(Carl F.W. Meissner)로 그는 식물에서 발견된 화학물질에 '식물의 재'를 뜻하는 라틴 어 'alkali'에서 유래된 알칼로이드라는 이름을 붙여 주었다. 이후 알칼로이드는 식물뿐 아니라 동물이나 미생물도 만들 수 있다는 사실이 밝혀지긴 했지만 알칼로이드라는 이름은 그대로 남았다.

알칼로이드는 그 종류가 매우 다양하고 편차도 커서 단일화된 정의를 내리기 어렵지만 일반적으로 자연계에 존재하는 물질 중에 질소를 포함한 염기성 유기화합물이며 생체에 유입되었을 때 특정한 생리적 반응을 일으키는 물질이라고 할 수 있다. 알칼로이드는 종종 '식물 염기'라고 번역되기도 하는데 이는 알칼로이드가 대부분 식물에서 발견되며 또한 대부분 염기성을 띠기 때문이다.

침팬지나 고릴라도 약초를 이용할 줄 알듯이 식물이 다양한 알칼로이드를 함유하고 있음을 인간이 깨달은 것은 매우 오래전 일이었다. 무녀(巫女)가 특정 식물을 섭취하거나 이를 태워서 나온 연기를 마시고 환각 상태에 빠져 예언을 한다거나 누군가를 치료하거나 혹은 해치려 할 목적으로 특정한 식물을 다양한 방법으로 가공하여 사용했다는 기록들은 기원전부터 전해 내려온다.

양귀비, 코카나무, 마황, 투구꽃, 벨라돈나 등은 예부터 널리 알려진 약초이자 독초였다. 하지만 근대적 개념의 화학이 발달하기 전까지 사람들은 이 식물들과 그들이 지닌 화학물질을 분리해서 생각하지 못했다. 알칼로이드의 발견과 이용이 본격적으로 시작된 것은 과학자들이 식물에서 알칼로이드를 순수하게 분리하고 정제하는 기술을 개발한 뒤였다.

양귀비(좌)는 모르핀, 파파베린, 코데인 등 알칼로이드 성분을 지니고 있으며, 코카나무(우)는 코카인 성분을 지니고 있다.

알칼로이드의 인위적 이용에 불을 댕긴 것은 19세기 초 독일의 화학자 프리드리히 제르튀르너(Friedrich Sertürner)가 양귀비에서 추출한 아편에서 모르핀(morphine)을 분리하는 데 성공한 즈음부터였다. 양귀비과에 속하는 한해살이풀인 양귀비는 기원전 3,400년 전부터 약초로 재배된 식물이었다. 꽃이 지고 난 뒤 덜 익은 양귀비 열매에서 분비되는 유액을 말려 만든 아편은 통증을 진정시키는 효과가 매우 뛰어나 전 세계 많은 지역에서 **천연 진통제이자 진정제로 널리 쓰이던 물질**[*]이었다.

물론 아편은 현재 항정신성 약물의 일종으로 지정되었으므로 제조와 매매뿐 아니라 아편을 만들 수 있는 양귀비를 재배하는 것도 엄격하게 금지되어 있다.

1804년, 제르튀르너는 화학적 방법으로 아편 속에 든 약리 성분을 분리하고는 이 물질에, 그리스 신화에 등장하는 잠과 꿈의 신 모르페우스(Morpheus)의 이름을 따서 모르핀이라는 이름을 붙여 주었다. 순수한 모르핀은 강력한 진통 효과와 환각 효과를 지니고 있었기 때문에, 편안한 잠과 드라마틱한 꿈을 모두 관장하는 모르페우스의 이름이 이 물질의 성질을 잘 나타낸다고 여긴 것이다. 모르핀의 분리 이후 화학자들은 다양한 알칼로이드의 분리 및 정제에 성공하기 시작했다. 19세기가 끝날 때쯤 아트로핀, 카페인, 니코틴, 코데인, 코카인, 퀴닌, 스트리크닌 등 다양한 알칼로이드가 분리 및 정제되어 이용되었다.

알칼로이드의 이용, 치료의 신세계를 열다

화학의 발달로 식물에서 순수한 알칼로이드의 분리 및 정제가 가능해지자 인류는 새로운 희망의 빛을 보기 시작했다. 원래 알칼로이드는 식물이 자신을 지키기 위해 만든 독성 물질이기 때문에 다량 섭취하면 인체에 치명적인 악영향을 미친다. 하지만 알칼로이드는 독성뿐 아니라 다양한 생리 활성 물질도 가지기에 적절한 양을 적합한 증상에 적용하면 매우 유용한 약으로도 기능했다. 그래서 예로부터 위험하면서도 매력적

프리드리히 제르튀르너.

투구꽃.

인 존재로 알려져 있었다.

예를 들어 투구꽃은 사약(死藥)의 원료로 이용될 정도로 독성이 강한 물질이지만 독성을 약하게 하면 중풍에 효과가 있는 약재가 되기도 한다. 같은 식물에서 우려낸 즙이라고 하더라도 그 농도에 따라서 약이 되기도 하고 독이 되기도 하는 것이다. 예부터 선조들은 알칼로이드 함유 식물이 가진 두 얼굴의 존재를 인식하고 상황에 맞게 농도를 조절해 이용하는 방법을 개발해 왔다.

하지만 식물 자체를 이용하는 경우 크기와 수령(樹齡), 재배 조건 등에 따라 알칼로이드 함유량이 조금씩 다르기 때문에 정확한 농도를 결정하기 어려운 경우가 많았다. 알칼로이드는 그 특성상 아주 적은 양으로도 커다란 생리 활성을 유도하기 때문에 적절한 농도를 맞추지 못하면 치명적일 수 있다. 때문에 알칼로이드의 순수 정제는 까다로운 농도 맞추기에서 오는 문제 해결에 매우 도움이 되었다. 순도가 높은 물질은 용법에 맞게 정확하게 희석하는 것이 가능하기 때문이었다. 또한 초기에 분리·정제된 알칼로이드는 특히나 약용 기능이 높은 것들이었기에 이들의 광범위한 이용 가능성은 질병의 치료나 증상 완화에 큰 도움을 주었다.

예를 들어 아름다운 여인이라는 뜻의 이름을 지닌 벨라돈나(Bella-donna)는 오래전부터 독약이자 치료제로, 혹은 화장품으로 널리 이용되어 온 식물이다. 벨라돈나에서 짜낸 즙이나 열매를 적절히 먹으면 경련을 진정시키고 통증을 감소시키는 긍정적 결과를 얻을 수 있지만 다량으로 먹게 되면 심장마비로 사망할 수도 있기에 많은 이에게 긍정적으로 혹은 부정적으로 이용된 물질이었다. 또한 벨라돈나 즙을 눈에 소량 떨어뜨리면 동공이 커져서 눈매가 또렷해 보이고 아름다워지는 효과가 있어 과거 귀부인들은 이를 일종의 서클렌즈 용도로 이용하기도 했다.

벨라돈나가 이런 다양한 증상을 보이는 이유는 아트로핀이라는 알칼로이드를 함유하고 있기 때문인데, 항아세틸콜린제인 아트로핀은 부교감신경을 억제하여 경련을 억제하고 근육을 이완시키는 동시에 혈압을 높이고 심박동을 빠르게 만드는 작용을 한다. 따라서 적절히 사용하면 아트로핀의 근육 이완과 경련 억제 기능을 통해 진경제, 마취제, 진정제로 기능하지만 과다하게 사용되면 심장마비의 원인이 되는 것이다. 벨라돈나로부터 순수한 아트로핀의 추출이 가능해지자 독성으로 사망할 위험을 낮추고 약용으로 이용할 수 있는 가능성이 높아졌다. 물론 이를 악용할 가능성도 높아졌지만.

대표적인 알칼로이드 성분

이름	기원	특징	용도	부작용
카페인	커피콩, 찻잎, 카카오 열매	중추신경계와 신진대사 자극, 각성 효과, 이뇨작용, 위산 분비 촉진	각성제, 흥분제, 강심제, 이뇨제	신경과민, 불면, 두통, 심장 떨림
코데인	양귀비	호흡 중추 진정 효과, 기침 억제, 진통 효과	호흡기 질환에 대한 진해제, 진통제	진통 작용이 약함.
퀴닌	기나나무	항말라리아 효과	말라리아 치료제	두통, 현기증, 이명 청력과 시력 저하
니코틴	담배	니코틴성 아세틸콜린 수용체 차단, 각성 효과, 살충 효과	각성제, 살충제	구토, 맥박과 호흡 상승, 사망(구강으로 먹었을 때)
스트리크닌	마전의 씨	소화기 자극, 순환 장애 개선	순환 장애 개선제, 아토니* 개선제	근육 경직, 경련
베르베린	황련, 황벽나무	광범위한 세균에 대한 항균, 항염, 항암 효과	항균제, 소염제	식욕 부진, 위부 불쾌감
스코폴라민	독말풀	부교감신경억제제, 진통제, 진정제	간질 발작 억제, 천식약, 멀미 억제제	잦은맥박, 혈압 저하, 배뇨 장애, 환각
파파베린	양귀비	민무늬근 이완, 호흡 중추 흥분	진통제, 진경제, 발기부전제	심간독성, 녹내장, 파킨슨병
에페드린	마황	교감신경 흥분, 발한, 기관지 확장, 소변 배출	기관지 확장제, 거담제	부정맥, 심근경색, 뇌졸중, 간질

* 근육의 긴장이 감퇴되거나 소실된 상태를 말한다. 위에 아토니가 발생하는 경우, 위무력증이라고도 한다.

식물을 통해 자연의 기운을 얻다

단오에 뜯은 쑥과 약쑥, 익모초, 찔레꽃과 창포는 1년 내내 먹거리로, 약재로, 미용 용품으로 귀하게 쓰였다. 옛 문헌에 이르길 쑥은 5월 단오에 채취하여 말린 것이 가장 효과가 크다 하였고, 이는 소화기관을 자극해 복통을 가라앉히고 피를 멎게 하여 지혈제나 생리 불순 치료제로 쓰였다. 또한 살충 성분이 들어 있어 해충의 접근을 방지하므로 모깃불의 재료로도 많이 이용되었다. 익모초는 혈액순환을 개선시키고 이뇨 작용을 도와 여성의 생리 불순과 산후 출혈, 부종 해소에 도움이 되는 풀이었다. 찔레꽃은 관절통에 효능이 좋고, 창포과에 속하는 석창포는 소화불량과 토사곽란(吐瀉癨亂, 구토와 설사를 동시에 하는 병)을 진정시키는 약초로 알려져 있어서 살림 솜씨가 야무진 아낙들은 때에 맞춰 이들을 갈무리해 두었다가 식구들의 건강을 지키곤 했다.

현대 과학에서는 이 식물들이 체내에서 약리작용을 하는 물질들—치네올(쑥), 레오루닌(익모초), 아스트라갈린(찔레꽃), 아사론(석창포) 등—을 함유하고 있음을 밝혀 과거 우리 조상들의 지혜를 엿볼 수 있게 해 주었다. 식물은 광합성을 통해 우리에게 살아갈 에너지원을 제공함과 동시에, 스스로를 보호하기 위해 만든 다양한 화학물질도 인간에게 약재로 제공하고 있다. 인간에게 식물은 '아낌없이 주는' 유일한 친구이자 버팀목인 것이다.

쑥떡볶이

쑥의 향이 떡볶이를 더욱 맛있게 해 주어요

준비물 쑥가래떡, 대파, 마늘, 고추장, 어묵, 물엿, 식용유

요리방법

1. 잘 말린 쑥과 하룻밤 불린 쌀을 방앗간에 가져다주면 섞어서 쑥가래떡을 만들어 줍니다. 가래떡을 적당한 크기로 잘라 나눠서 얼려 두면 오래 두고 먹을 수 있어요.

2. 먼저 프라이팬에 식용유를 두르고 마늘을 볶습니다. 마늘이 익으면 물 한 컵과 대파의 흰뿌리 부분을 넣고 바글바글 끓입니다.

3. 물이 끓기 시작하면 고추장을 넣고 한소끔 더 끓여요.

4. 고추장이 충분히 끓으면 떡을 넣고 볶습니다. 꽁꽁 언 가래떡은 물에 한 번 삶아서 찬물에 헹궈 주면 빨리 익어요. 떡을 볶다가 다시 끓어오르면 어묵을 넣어 주세요. 물에 불린 당면, 데친 라면을 추가하면 당면볶이, 라볶이가 됩니다.

5. 떡에 맛이 배면 물엿으로 단맛과 윤기를 조절합니다. 마지막으로 대파(초록 잎 부분)를 넣고 대파 잎의 숨이 죽으면 그릇에 담아 깨소금으로 마무리합니다. 삶은 달걀이나 튀김은 선택 사항입니다.

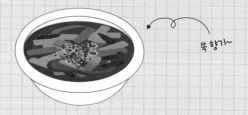

쑥 향기~

시래기콩나물비빔밥

나물 안 먹는 아이들에게 좋은 한 그릇 요리

준비물 시래기나물, 콩나물, 밥, 다진 마늘, 달걀 프라이, 양념간장이나 고추장, 들기름

요리방법

1. 콩나물을 깨끗이 씻고 다듬어 먹기 좋은 크기로 자릅니다. 불려 둔 쌀과 섞어 밥을 짓는데, 콩나물에서 물이 나오므로 평소보다 물을 좀 덜어 냅니다.

2. 말린 시래기는 1~2시간 정도 푹 삶아서 물에 하룻밤 이상 담궈 둡니다. 이 과정이 번거롭다면 마트에서 삶은 시래기를 구입하여 사용해도 됩니다.

3. 물기를 꼭 짠 시래기를 적당한 크기로 썬 뒤 다진 마늘과 간장을 넣고 조물조물 무쳐 줍니다.

4. 프라이팬에 향기 좋은 들기름을 두르고 양념한 시래기를 넣은 뒤 잘 볶아 줍니다. 약간 간이 뱄다 싶으면 약불로 줄이고 물을 조금 넣은 뒤 뚜껑을 덮어 푹 익힙니다.

5. 잘 지어진 콩나물밥을 그릇에 담은 뒤 볶은 시래기를 얹고 달걀 프라이를 덮어 줍니다. 여기에 양념간장이나 고추장을 한 스푼 넣어 비비면 완성!

고추장 한 스푼으로
아무리~

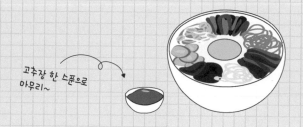

6월: 유두와 유두면

글루텐 성분으로
밀가루 반죽과 밀당하기

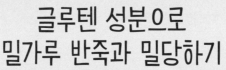

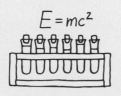

풍년을 기원하는 물놀이

아직 해가 다 뜨지도 않았지만 벌써부터 방 안에는 더운 기운이 느껴진다. 하지만 오늘 하루는 더워도 상관없다. 오늘은 음력 유월 보름, 유두절(流頭節)이라고도 불리는 유둣날이니까. 오늘 하루는 농사일을 접고 쉬는 날이며 첫 수확한 계절 과일을 조상께 바치고 다가올 가을의 풍년을 기원하는 날이기 때문이다. 유둣날 즈음이 되면 그해의 첫 수확물인 여름 과일과 밭에서 자란 밀 등이 먹기 좋게 영근다. 따라서 이날 왕가와 민가에서는 모두 조상께 제를 올렸는데 이를 유두천신(流頭薦神)*이라 했다. 유둣날에 첫 수확을 끝내고 햇곡식으로 집안의 신을 위해 제의를 지낸다는 뜻이다.

제를 올린 뒤에 사람들은 시원한 물가를 찾았다. 유두천신이 조상을 기리는 행사라면 물가를 찾는 행사는 자신들을 위한 것이었다. 사람들은 동쪽으로 흐르는 물을 찾아 머리를 감고 떨어지는 물 아래서 온몸으로 물을 받는 물맞이를 하였다. 이는 더위를 식히고자 함도 있었지만 세차게 흐르는 물이 머릿속에 든 잡념과 몸에 붙은 액운을 모두 가져가길 비는 기원적 성격이 더 강했다. 한바탕의 물놀이로 허해진 속은 향긋한 햇과일과 갓 수확한 밀로 만든 유두면, 상화병(霜花餅), 연병(連餅)으로 채웠다. 밀로 만들어진 별식들은 쌀과는 또 다른 맛과 풍미로 유둣날의 흥겨움을 더했다.

유둣날에 우리 조상들은 계곡이나 개울가를 찾아 물놀이를 즐겼다.

유둣날, 동쪽으로 흐르는 물에 머리를 감다

지금은 거의 사라졌지만 음력 유월 보름날을 뜻하는 유둣날은 신라 시대부터 전해져 내려온 유서 깊은 명절이다. 고려 명종 때의 학자 김극기(金克己, 1150~1210년으로 추정)의 문집에는 "경주 풍속 중에, 6월 보름에 동쪽으로 흐르는 물에 머리를 감아 불길한 것을 씻어 버리는 풍속이 있는데 이를 유두연(流頭宴)이라 한다."는 내용이 있을 정도이다.

사실 유두라는 명칭은 원래 동류수두목욕(東流水頭沐浴), 즉 '동쪽으로 흐르는 물[東流水]에 머리를 감는다[頭沐浴].'는 말에서 온 단어이다. 단오절의 머리 감기 풍습에서는 굳이 물이 흐르는 방향까지는 따지지 않았지만 유둣날에는 유독 동쪽으로 흐르는 내[川]를 찾곤 했다.

전통 문화에서 동쪽은 청(靑)을 상징하는 방향으로 양기가 왕성한 방향이다. 그러므로 양기가 최고조에 이르는 계절인 여름을 맞아 동쪽으로 흐르는 물에는 더욱 양기가 풍성하리라 여겼던 것이다. 그래서 유둣날에는 남녀노소를 불문하고 동류수를 찾아 머리를 감거나 탁족(濯足, 발을 씻음)을 즐겼고, 떨어지는 물 아래에서 물을 온몸으로 받아내는 물맞이를 하기도 했다.

유둣날은 대개 더위가 한창인 시기에 놓이게 되므로 이런 물놀이는 더위를 식히는 데 일조했다. 하지만 유둣날의 물가 행사들은 흐르는 물과 함께 몸과 마음을 정화하고자 하는 주술적 의미가 더 강했다.

유둣날이 기다려지는 이유, 유두 별식

이렇게 한바탕 물놀이를 즐기고 나면 허기가 지기 마련이었다. 항상 모든 잔치에는 먹거리가 빠질 수 없는데 특이하게도 유둣날의 음식, 즉 유두 별식 중에는 유두면, 연병, 상화병 등 우리네 전통 밥상에서 자주 등장하지 않는 밀로 만든 음식이 많았다. 우리네 조상들은 밀가루를 두면(頭麵)이라고 했다. 이는 '가장 좋은 가루'라는 뜻이 담겨 있다. 그래서 유두면이란 말에는 유둣날 먹는 면이라는 의미와 두면으로 만든 음식이라는 의미가 모두 들어있다.

흔히 유둣날에는 국수를 먹는다고 알려져 있다. 지역에 따라서는 유둣날 국수를 먹으면 기다란 국수 면발처럼 오래오래 장수할 것이라는 속설도 있었다. 하지만 전통적인 유두면은 우리가 알고 있는 국수와는 조금 다른 모습이다. 유두면은 밀가루를 다양한 빛

『동국세시기(東國歲時記)』 6월조에는, 유두에 유두면을 먹었다는 다음과 같은 기록이 있다. "소맥으로 구슬 같은 모양을 만들어 유두면이라 한다. 거기다 오색 물감을 들여 세 개를 이어 색실로 꿰어 차고 다닌다. 혹 문설주에 걸어 매어 액을 막기도 한다."

깔로 물들여 반죽한 뒤 팥죽에 넣어 먹는 새알심처럼 경단 모양으로 빚어 삶아 낸 후 오미자 우린 물이나 차가운 국물에 말아 먹는 일종의 냉면(冷麵)이었다. 종종 엄마들은 유두면 경단을 색깔별로 하나씩 3개를 실에 꿰어 아이들의 손목에 걸어 주기도 했다. 예쁜 빛깔로 물들인 유두면으로 만든 팔찌는 액운을 없애 준다고 믿었기 때문이다.

이날에는 상에 곁들이는 음식들 역시 밀로 만든 것이 많았다. 대표적인 것이 연병과 상화병이었다. 연병의 한자를 풀이하면 '돌돌 만 떡'이라는 뜻이어서 밀떡 혹은 밀쌈이라고 부르기도 했다. 고기와 오이, 버섯 등을 가늘게 썰어 기름에 볶은 뒤 얇게 부쳐 낸 밀전병에 돌돌 말아 먹는 것이 연병이었다. 상화병이란 밀가루를 막걸리로 반죽한 뒤 콩이나 깨를 꿀에 버무린 소를 넣고 쪄 낸 일종의 찐빵이었다. 밀가루 반죽에 막걸리를 넣으면 막걸리 속에 든 누룩이 발효되어 부드럽고 폭신폭신한 빵이 만들어졌다. 흔히 어른들이 말하는 '술빵'이 바로 이것이다. 시원하고 쫄깃한 유두면에 고소하고 아삭한 연병, 구수한 막걸리 내음을 풍기는 달짝지근한 상화병까지 어우러진 유두 별식은 더위를 식히고 입맛을 돋우는 역할을 톡톡히 했다.

밀의 기원과 밀가루의 특징

밀, 즉 소맥(小麥)은 중앙아시아 캅카스(Kavkaz) 지방이 원산지인 한해살이풀로 벼, 옥수수와 더불어 세계 3대 식량 작물이다. 밀이 처음 인류 역사에 등장한 것은 기원전 1만~1만 5,000년 전으로 석기 시대에 이미 유럽과 중국에서 널리 재배되기 시작했다. 우리나라에는 중국을 통해 전래되었는데 평안남도 대동군 미림지에서 우리나라 최초의 밀 유적이 발견되었다. 이곳에서 발견된 밀은 기원전 200~100년의 것으로 추정되고 있다.

충청남도 문화재자료 제109호로 지정된 부소산성의 군창지(軍倉址) 터. 이곳은 백제 시대 군량미를 보관했던 창고였는데, 발굴 조사 결과 불에 탄 밀 등의 곡식 흔적이 발견되었다. 이를 통해 우리 조상들은 삼국 시대 이전부터 밀을 재배했을 것으로 추정할 수 있다.

전통적으로 우리나라의 밀 재배량은 쌀에 비해서 적은 편이었다. 밀은 고온에 약하기 때문에 평균 기온이 4℃ 내외이며 여름철에도 평균 기온이 14℃를 넘지 않는 지역에서 잘 자란다. 그래서 여름 기온이 이보다 높고 기온의 연교차가 큰 우리나라에서는 주된 식량 작물로 재배하기에 적합하지 못했다. 대신 밀은 벼를 수확한 10월 말경 빈 경작지에 파종한 뒤, 모내기를 하기 전인 6월 하순경에 수확하는 이모작 작물로 선택되곤 했다.

현재 전 세계에서 약 22종의 밀이 재배된다. 어떤 지역에서 어느 밀이 잘 자랄지 결정하는 것은 밀이 가진 우수성이 아니라 강수량이다. 강수량이 적고 기온이 비교적 서늘한 지역에서는 경질(硬質)밀류가 잘 자라며, 강수량이 많고 기후가 비교적 온화한 지역에서는 연질(軟姪)밀류가 잘 자라기 때문이다. 경질밀과 연질밀을 가르는 기준은 밀알 속에 포함된 단백질의 양인데 단백질이 많이 포함되어 있으면 경질밀, 적게 포함되어 있으면 연질밀로 나뉜다.

밀알은 크게 낟알을 둘러싼 껍질(15%)과 씨눈(2%)과 밀이 싹 틀 때 필요한 영양분이 되는 배젖(83%), 세 부분으로 구성되어 있다. 일반적으로 도정한 뒤 그대로 밥을 지어 먹는 쌀과는 달리 밀은 낟알 그대로가 아니라 가루를 내어 먹는다. 그 이유는 알맹이의 경도가 다르기 때문이다.

쌀은 알갱이가 비교적 단단해 사과 껍질을 벗기듯 알맹이는 그대로 두고 껍질을 깎아 벗기는 것이 가능하다. 하지만 밀알은 경도가 약해서 껍질을 벗기는 과정에서 부서져 버린다. 따라서 밀은 도정 대신 제분기로 분쇄하여 가루를 만드는 제분 과정을 거치게 된다. 잘게 부순 통밀가루를 체에 내리면 밀 껍질인 밀기울이 걸러진다. 고운 밀가루를 얻기 위해서는 밀알을 잘게 부수고 눈이 고운 체로 여러 번 걸러 줘야 한다. 이 과정을 반복하면 밀기울과 씨눈이 제거되고 배젖만으로 구성된 가루가 남는데 그것이 바로 우리가 흔히 접하는 밀가루이다.

밀의 특성화 성분, 글루텐

이처럼 우리가 먹는 밀가루의 대부분은 밀알의 배젖으로 구성되어 있다. 배젖은 씨눈이 싹을 틔우는 데 필요한 영양소를 가진 부위로, 가장 많이 들어 있는 것은 탄수화물인 전분이다. 하지만 밀에는 쌀과는 달리 독특한 단백질 성분이 들어 있다. 밀을 다른 곡식과 다르게 특징짓는 단백질이 바로 '글루텐(gluten)'이다. 순수한 글루텐은 물에 녹지 않는 불용성 물질로, 밀가루의 흰색과는 달리 회색빛을 띤다.

사실 막 제분한 밀가루 속에는 글루텐이 거의 들어 있지 않다. 대신 글루테닌(glutenin)과 글리아딘(gliadin)이라는 물질이 들어 있는데, 밀가루에 물을 넣고 반죽하면 글루테닌과 글리아딘이 결합하면서 글루텐이 만들어진다. 글루테닌은 탄력성이 있고, 글리아딘은 점성과 신장성이 있으므로 이 둘이 합쳐진 글루텐은 탄력성·점성·신장성을 모두 갖추게 된다. 따라서 잘 반죽한 밀가루 속의 글루텐은 끈적끈적하고 질긴 그물 모양의 구조를 형성한다. 밀가루 반죽을 수십 번 늘이고 접어서 '수타면'을 만들 수 있는 것도 이 글루텐이 그만큼 질기고 잘 늘어나기 때문이다.

쌀가루로 만든 반죽은 글루텐 성분을 포함하지 않기 때문에 밀가루 반죽처럼 질기고 쫀득한 반죽을 만들 수 없다. 그래서 쌀가루로 반죽을 만들 때는 찬물이 아닌 뜨거운 물을 넣어 반죽하는 '익반죽'을 해야 하는데, 쌀가루에 뜨거운 물을 넣고 치대면 녹말이 호화되면서 끈적해지는 현상이 일어나기 때문이다. 하지만 아

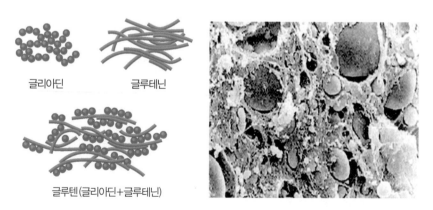

글리아딘 글루테닌

글루텐(글리아딘+글루테닌)

글리아딘과 글루테닌이 결합되어 만들어진 글루텐의 구조. 오른쪽 사진에서 끈적끈적하고 질긴 그물 모양의 구조를 확인할 수 있다.

무리 익반죽을 한다고 해도 쌀가루 반죽은 글루텐이 든 밀가루 반죽에 비해 점성과 신장성이 현격히 떨어지기 마련이다.

이렇게 질기고 신축성이 있는 글루텐의 특성은 밀가루로 만든 음식의 식감을 결정하게 된다. 글루텐이 많이 포함된 밀가루로 만든 음식은 쫄깃한 식감이 강하고 잘 부서지지 않으며, 글루텐이 적게 포함된 밀가루로 만든 음식은 부드럽고 잘 부서진다.

시중에서 판매되는 밀가루는 글루텐의 함유량에 따라 적은 순서대로 박력분, 중력분, 강력분으로 나뉜다. 글루텐이 적은 박력분은 쿠키나 케이크처럼 부드럽고 잘 부서지는 음식을 만드는 데 적합하며 식빵처럼 많이 부풀어 오르고 쫄깃한 빵을 만들 때에는

2010년 이탈리아의 남부 도시 멜피에서는 축제를 기념하기 위해 100m 길이의 초대형 파스타 면을 만들었다. 이렇게 길게 면발을 뽑아 낼 수 있는 것은 모두 글루텐 덕분이다. © metro. co.uk, austriantimes.at

글루텐 함량이 높은 강력분을 써야 한다.

또한 글루텐은 빵이 부풀어 오르는 데 도움을 준다. 일반적으로 빵은 밀가루 반죽에 효모(yeast)를 넣어 발효시켜 만든다. 효모를 밀가루에 섞어 반죽하면 **효모가 밀가루 속에 든 전분을 분해시켜 이산화탄소를 만든다.** 이산화탄소는 기체이므로 공기 중으로 흩어지는 게 보통이지만 밀가루 반죽 속의 이산화탄소는 그러지 못한다. 질긴 그물 모양의 글루텐이 이산화탄소가 날아가지 못하도록 붙잡아 두는 역할을 하기 때문이다. 따라서 밀가루 반죽을 오랫동안 치대어 글루텐을 잘 형성시킨 후 효모와 함께 따뜻한 곳에 놓아두면 효모가 만들어 낸 이산화탄소가 날아가지 못하고 그물 구조의 글루텐에 갇히므로 마치 공기를 넣은 풍선처럼 반죽이 부풀어 오르는 현상이 나타난다.

글루텐의 함유량이 높으면 높을수록 그물 구조가 탄탄하게 잘 형성되어 반죽이 잘 부풀어 오르고 그만큼 폭신한 빵이 만들어진다. 따라서 잘 부풀어 오른 빵을 먹고

효모 가루.

밀가루 종류	글루텐 함량	이용
박력분	8% 이하	케이크, 과자, 튀김
중력분	8~10%	국수, 수제비, 부침개
강력분	10~12%	식빵, 발효빵

싶다면 글루텐 함량이 높은 강력분을 이용해 반죽을 만든 후 반죽을 될 수 있으면 여러 번 치대어 글루텐이 잘 형성되도록 하는 것이 좋다.

반대로 부드럽고 바삭한 쿠키를 먹고 싶다면 가능한 한 글루텐 함유량이 적은 박력분을 선택하고 밀가루와 재료들을 섞을 때에도 최소한의 횟수로 섞어야만 한다. 반죽이 잘 섞이게 한다고 빵을 만들 때처럼 반죽을 마냥 치대다가는 나무껍질처럼 딱딱하고 질긴 쿠키를 먹어야 하는 불행한 일이 생길 수도 있다.

누군가에게는 독이 되는 밀가루, 글루텐 알레르기

통계청이 발표한 2012년 양곡 소비량에 따르면 우리나라 사람들의 연간 쌀 소비량은 1인당 69.8kg으로 나타났다. 지난 1971년 1인당 쌀 소비량이 136.4kg에 달했던 것에 비하면 절반 가까이 하락했다. 쌀이 이렇게 갈수록 찬밥 신세가 되는 것과 달리 밀 소비량은 꾸준히 늘어나고 있다. 밀의 1970년 1인당 소비량은 13.8kg에 불과했지만 2012년에는 33kg으로 3배 가까운 성장세를 보였다. 특히나 이러한 쌀과 밀의 역전 추세는 어린 연령대로 갈수록 뚜렷이 나타난다. 아무래도 아이들의 까다로운 입맛에는 비교적 단조로운 맛의 밥보다 설탕과 버터와 각종 부재료들이 어우러진 빵과 기타 밀가루 음식들이 더 유혹적이기 때문이리라.

그런데 이상하게도 사람들은 쌀로 만든 음식을 많이 먹는 것에 대해서는 별다른 말이 없지만, 밀가루 음식을 많이 먹는 데에는 부정적인 시각을 가지곤 한다. 많은 사람이 밀가루는 소화가 잘 안 된다느니, 밀가루는 찬 기운을 띠어서 몸을 차게 만들기 때문에 위장 장애를 일으킨다느니, 밀가루는 원래부터 우리나라 작물이 아니어서 한국 사람 몸에 맞지 않는다느니 하면서 밀가루 음식을 폄훼하곤 한다. 그렇다면 정말 밀가루 음식이 그토록 몸에 좋지 않은 것일까?

매우 드물긴 하지만 밀가루 음식을 절대로 먹어서는 안 되는 사람들이 있기는 하다. 밀가루의 주요 성분인 글루텐에 알레르기가 있는 사람들이다. 글루텐 알레르기를 다른 말로 셀리아크병(celiac disease)이라고 하는데, 인체의 면역 체계가 글루텐 성분을 해로운 것으로 오인하여 공격하면서 일어나는 증상이다. 밀로 만든 음식을 많이 먹는 서구인의 경우, 전 인구의 약 0.5~1% 정도가 글루텐 알레르기를 가진 것으로 알려져 있다.

사람마다 개인의 체질에 따라서 땅콩이나 복숭아, 고등어, 새우 등에 알레르기를 가지고 있다. 그리고 이들 음식을 섭취할 경우 발진과 두드러기, 복통, 장염 증상을 일으킬 뿐 아니라 심한 경우 호흡 곤란과 쇼크로 사망에 이르는 반응을 보일 수 있다.

마찬가지로 글루텐 알레르기를 가진 사람의 경우, 글루텐을 섭취하게 되면 배에 가스가 차고 설사와 구토를 하며 대변이 회색으로 변하고 심하면 쇼크를 일으켜 생명이 위험해지기도 한다. 많은 음식 알레르기와 마찬가지로 글루텐 알레르기 역시 특별한 치료 방법은 없다. 유일한 대처 방안은 글루텐이 든 음식을 피하는 것뿐이다.

글루텐은 밀 외에도 보리, 호밀, 귀리, 메밀 등에 들어 있으므로 글루텐 알레르기가 있는 사람들은 가능하면 이 성분이 든 재료로 만든 음식을 먹지 않는 것이 최선이다. 대신 옥수수, 감자, 쌀, 콩 등에는 글루텐이 들어 있지 않으니 먹어도 무방하다.

우리나라의 경우 주식이 밀이 아니므로 글루텐 알레르기를 앓는 사람의 비율에 대해서 구체적인 통계 결과가 나와 있지 않다. 하지만 크게 다르지 않은 비율로 글루텐 알레르기를 가진 사람이 있을 것으로 추측된다.

그렇다면 약 100~200명 중의 한 명꼴로 글루텐 알레르기가 있을 것이다. 이 사람들에게는 밀가루 음식을 먹는 것보다 먹지 않는 것이 훨씬 더 유익한, '가까이 하기엔 너무 먼' 음식이 될 것이다. 하지만 글루텐 알레르기가 없는 사람들에게는 어떨까? 그들에게도 역시 밀가루 음식은 나쁜 것일까?

밀가루에 대한 오해와 진실

사실 밀가루 자체는 절대로 나쁜 음식은 아니다. 밀가루는 전분과 단백질의 함량이 높은 좋은 영양 공급원이며, 보관성과 저장성이 좋고, 다양한 음식으로 변주할 수 있어서 식량 작물로써 충분한 가치를 가지고 있다. 전 세계적으로 살펴본다면 오히려 쌀보다 생산량과 소비량이 더 높은 최대의 식량 작물이기도 하다. 사실 밀가루 음식에게 죄를 묻는다면 밀가루 그 자체에 있는 게 아니라 우리가 '너무 칼로리가 높은' 밀가루 음식을 '너무 많이 먹는' 습관에 있을 것이다.

아직도 많은 사람이 '밀가루 음식' 하면 방부제나 표백제를 걱정한다. 우리나라의 경우 밀의 자급률이 10%에도 채 못 미치기 때문에 전량을 외국에서 수입한다. 20세기 후반까지만 하더라도 밀가루 자체를 외국에서 수입했는데 당시에는 밀가루의 색을 하얗게 만들기 위해 과황산암모늄, 과산화벤조일, 이산화질소 등 식품용 표백제를 사용하는 경우가 많았다. 그리고 오랜 시간 운반되는 동안 변질되는 것을 막고자 보존제나 방부제를 섞곤 했다.

비록 이런 물질들이 식품에 사용해도 좋다고 판정을 받은 물질이기는 하지만 인체의 면역 체계에는 낯선 물질이기 때문에 개인에 따라서 알레르기 반응이나 기타 다른 악영향을 끼치는 경우도 종종 있었다. 따라서 이를 해결하고자 최근에는 밀가루 대신 분쇄하지 않은 통밀을 그대로 수입해 국내 제분 공장에서 제분하여 판매하고 있다. 통밀은 유통 과정에서 쉽게 상하지 않기 때문에 방부제를 사용하지 않아도 된다. 또한 1992년 이후부터는 국내 제분업계가 가공 과정에서 밀가루 표백제를 사용하지 않기로 결의했기 때문에 방부제나 표백제 걱정은 줄여도 된다.

따라서 밀가루 음식이 나쁘다는 이유는 대부분 밀가루 음식이 고칼로리 음식이라는 데 집중된다. 그러나 이 부분에서도 밀가루는 조금 억울하다. 현재 시중에서 팔리는 밀가루는 밀기울과 씨눈 부분을 들어내고, 탄수화물이 대부분인 순수한 배젖 성분만 포함하고 있다. 뭔가 고칼로리의 낌새가 느껴진다. 하지만 밀가루 100g의 칼로리는 330kcal로, 같은 무게의 쌀(360kcal)이나 옥수수(348kcal)보다 오히려 낮은 편이다.

문제는 밀가루 그 자체가 아니라 이를 섭취하는 방법에 있다. 쌀은 그대로 밥을 지어 먹고 옥수수도 삶아서 그대로 먹을 수 있지만, 밀가루는 그 자체만으로 먹기 어렵다. 즉, 밀가루로 무언가 요리를 하기 위해서는 마치 '1+1' 세트처럼 설탕과 버터 등이 필요한 경우가 많은데 문제는 이들의 열량이 밀가루의 그것을 간단히 뛰어넘는다는 것이다.

일례로 쿠키를 구울 때에는 일반적으로 밀가루 200g당 버터 100g과 설탕 100g 정도가 들어간다. 그런데 설탕(384kcal)과 버터(733kcal)는 대표적인 고칼로리 식품이므로 이들이 더해져 만들어진 쿠키는 상당한 고열량 식품이 된다. 하지만 설탕과 버터가 들어가지 않은 쿠키는 쿠키가 아니라 그냥 밀가루 덩어리이기 때문에 '밀가루 음식=고칼로리 음식'이라는 선입관이 형성되었다. 특히 칼로리 부족보다는 칼로리 과다가 더 고민인 요즘에 이렇게 밀가루가 들어간 음식들의 높은 칼로리는 문제가 될 수 있다.

그렇다면 국수나 수제비처럼 설탕과 버터를 넣지 않은 반죽이라면 어떨까? 이 경우에는 지나친 나트륨 함량이 종종 문제로 지적된다. 물론 나트륨 자체는 우리가 살아가는 데 꼭 필요한 물질이지만 뭐든 과해서 좋은 건 없다. 그런데 대부분의 밀가루 국물 요리(칼국수, 라면, 가락국수, 냉면 등)는 1일 나트륨 권장량(2g)을 뛰어넘는 경우가 많아 문제가 된다.

밀가루, 오해를 벗고 맛있고 건강하게

이처럼 밀가루 음식은 밀가루 그 자체보다는 더해지는 다른 부재료들 때문에 칼로리가 높아지고, 기타 다른 성분들이 더해지면서 오해를 받는 먹거리가 되었다. 하지만 밀은 인류가 처음 농경을 시작할 때부터 재배해 왔던 귀중한 식량 자원이며 역사적으로도 그 우수성이 입증된 작물이다. 따라서 밀가루로 만든 음식을 무조건 나쁘다고 배척할 필요도, 쌀이 밀보다 더 우수하고 밀이 더 열등하다고 차별할 근거도 없다.

중요한 것은 우리가 살아가는 시대적 가치에 맞게, 우리 몸에 좋은 음식을 적당하고 균형 있게 섭취하는 일이다. 그것이 밀가루에 대한 찜찜한 오해를 풀고 밀가루 음식을 기분 좋게 맛보는 방법일 것이다. 우리네 조상들이 유둣날에 쌀밥과 찰떡 대신에 유두면과 밀떡을 먹었던 이유도 거기에 있지 않을까?

건과일 쌀식빵

홈베이킹으로 내 입맛에 딱 맞는 식빵 만들기

준비물 제빵기, 밀가루(또는 쌀가루, 제빵용 식빵 믹스), 인스턴트 이스트, 설탕, 버터, 소금, 물(또는 우유), 건과일

요리방법

1. 물(혹은 우유) 225ml, 설탕 30g, 버터 30g, 소금 5g을 제빵기에 넣습니다. 물이나 우유, 버터는 냉장고에서 바로 꺼낸 것보다 미리 꺼내 둔 것이 좋아요.

2. 밀가루와 쌀가루를 더해 300g(쫀득한 식감을 원하면 쌀가루를, 빵처럼 폭신한 식감을 원하면 밀가루의 양을 늘리세요.)을 넣습니다. 재료들의 양을 재는 게 번거롭다면 시중에서 판매하는 제빵용 식빵 믹스를 이용하면 한 번에 해결됩니다.

3. 마지막으로 인스턴트 이스트 한 봉지(4g)를 넣어 줍니다. 쌀가루를 밀가루보다 많이 넣었을 경우에는 제빵개량제도 같은 양을 넣어 줍니다. 쌀가루는 밀가루처럼 부풀지 않기 때문에 글루텐이 포함된 제빵개량제를 넣어 주어야 잘 부풀어 올라요. 하지만 안 넣어도 큰 문제는 없습니다. 빵이 잘 부풀지 않고 떡처럼 만들어져 달라지긴 하지만 그것도 나름 맛있답니다.

4. 제빵기 코스 중에 '발효빵' 코스를 누릅니다.(제빵기 종류마다 메뉴명은 조금씩 다를 수 있으니 제품설명서를 참조하세요.)

5. 제빵기는 먼저 1차로 내용물을 섞어 반죽한 뒤 발효를 위해 멈췄다가 2차 반죽에 들어가는 과정을 거칩니다. 건포도를 비롯해 건과일, 견과류, 제빵용 치즈칩이나 초코칩 등 부재료들을 넣으려면 2차 반죽이 절반쯤 지났을 때 넣어야 해요.(대부분의 제빵기는 이 시점에서 벨을 울려 알려 줍니다.) 처음부터 넣은 채 반죽을 하면 재료가 다 짓이겨져 형체를 알 수 없게 되기 때문에 꼭 나중에 넣어야 해요.

6. 나머지는 제빵기에게 맡기면 끝. 완성되면 알람보다 먼저 고소한 빵 냄새가 알려 줍니다.

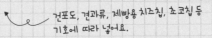

건포도, 견과류, 제빵용 치즈칩, 초코칩 등 기호에 따라 넣어요.

야채수제비

따끈한 국물이 매혹적인 겨울철 별미

준비물 중력분 밀가루, 감자전분, 국물용 멸치, 감자, 당근, 양파, 버섯, 기타 해
산물

요리방법

1. 다시마물에 국물용 멸치를 넣고 끓여 육수를 만듭니다. 다시마물은 다시마를
   찬물과 함께 통에 담아 냉장고에 넣어 둔 것입니다. 하룻밤 정도 지나면 다시
   마의 성분이 우러나와 맑은 물이 점액질로 변해요. 평소에 이렇게 물을 부어
   두고 찌개나 국을 끓일 때 사용하면 됩니다. 다시마는 물만 갈아 주면 서너 번
   더 우려낼 수 있어요.

2. 중력분에 물을 넣고 반죽합니다. 쫄깃한 수제비를 원한다면 감자전분을 넣고
   같이 반죽합니다. 시중에서 판매하는 감자수제비가루를 사용해도 좋아요.

3. 반죽을 비닐봉지에 담아 30분 이상 냉장고에 넣어 숙성시킵니다.

4. 멸치다시마육수에 감자와 당근과 양파, 버섯을 넣어 끓입니다. 자숙새우나
   바지락살이 있다면 같이 넣어도 좋아요. 물이 끓기 시작하면 숙성된 수제비
   반죽을 적당한 크기로 떼어 내어 넣습니다.

5. 마지막으로 애호박을 넣고 소금이나 국간장으로 간을 합니다.

수제비는 먹기 좋게
적당한 크기로 만들어요.

7월: 삼복더위와 삼계탕

무더위의 중심에서 보양식을 외치다!

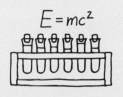

더울수록 뜨겁게 이겨 내자

삼복(三伏)은 장마철이 끝나고 더위가 절정에 이르는 시기이다. 아침부터 시작된 더위는 해 높이가 올라가는 것과 비례하여 강도를 더해 갔다. 삼복더위는 무쇠도 녹일 듯하다는데 사람이라고 별 수 있으랴. 특히 오늘은 절기상 중복(中伏)으로 더위가 꼭대기에 다다른 날이다. 무더위에 실종된 입맛을 되찾고 축난 몸을 보하기 위해 사람들은 오늘 하루만큼은 일손을 놓고 시원한 물가로 '복놀이'를 떠났다.

양반가에서는 인삼과 연계(軟鷄, 생후 6개월 이전의 닭)를 넣고 뽀얗게 끓인 연계탕이나 쇠고기에 토란과 고사리를 넣어 끓인 육개장을 먹기도 했다. 하지만 서민의 복놀이 음식은 대개 황구(黃狗)에 깻잎과 산초를 넣어 진하게 끓인 개장국이었다. 한여름 보양식이 보기만 해도 땀이 쏟아질 것 같은 뜨거운 음

연계탕.

식이라는 사실은 의외다. 하지만 이열치열(以熱治熱)이라 하지 않던가, 뜨거운 국물을 후후 불어 가며 한 사발 들이켜고 나면 온몸은 땀에 젖어도 어쩐지 시원한 기분이 들었다. 여기에 얼음장 같은 계곡물에 미리 담가 둔 시원한 참외와 수박으로 입가심이라도 하면 어쩐지 더위도 한 발 물러난 느낌이었다.

삼복, 더위에 납작 엎드리다

한여름의 무더위를 흔히 삼복더위라 한다. 24절기 중 하지(夏至, 1년 중 태양의 고도가 가장 높은 날, 6월 21일경)로부터 세 번째 경일(庚日)*을 초복(初伏), 네 번째 경일을 중복, 24절기 중 하나인 입추

중국의 역법에서 쓰이는 주기 중 하나인 십간(十干), 즉 갑(甲)·을(乙)·병(丙)·정(丁)·무(戊)·기(己)·경(庚)·신(辛)·임(壬)·계(癸)에서 7번째 서열인 경이 드는 날.

(立秋, 8월 8일경) 뒤에 오는 첫 번째 경일을 말복(末伏)이라 한다. 그리고 흔히 이 셋을 합쳐 삼복이라 부른다.

복날은 경일마다 반복되고 경일은 10일에 한 번씩 돌아오므로 일반적으로 초복에서 말복까지는 20일이 걸린다. 하지만 말복은 입추 뒤에 온다는 단서가 붙기 때문에 종종 한 번의 경일을 건너뛰어 초복에서 말복까지 30일이 걸리기도 한다. 그러나 삼복이 끝나기까지 20일이 걸리든 30일이 걸리든 삼복은 소서(小暑, 7월 8일경)에서 처서(處暑, 8월 23일경) 사이에 들기 때문에 1년 중 가장 무더운 시기에 드는 것만은 변함이 없다. 삼복더위가 더위 중에서도 가장 더운 시기를 의미하는 것은 이 때문이다.

왜 하필 개였을까?

개를 식용 대상이 아닌 반려동물로 생각하는 경향이 강한 현대 사회에서 개를 먹는다는 것은 누군가에게는 식인(食人) 행위만큼이나 끔찍한 일로 여겨질 수 있다. 하지만 전통적으로 복날의 대표적 보양식은 개장국이었다. 1849년에 만들어진 『동국세시기(東國歲時記)*』에 다음과 같은 내용이 있다.

조선 후기 학자였던 홍석모(洪錫謨, 1781~1850)가 조선의 연중행사와 풍속에 대해 정리하고 설명한 책.

"개를 삶아 파를 넣고 푹 끓인 것이 개장(구장, 狗醬)이다. 닭이나 죽순을 넣으면 더욱 좋다. 또

개를 식용으로 삼는 풍습은 우리나라뿐만 아니라 고대 로마, 북아메리카, 아프리카, 남태평양 제도 등 전 세계 곳곳에 있었다.

개장국에 고춧가루를 타고 밥을 말아 먹으면서 땀을 흘리면 기가 허한 것을 보강할 수 있다. 생각건대 『사기(史記)』에 따르면 진덕공 2년(기원전 676년)에 비로소 삼복 제사를 지냈는데, 성안 대문에서 개를 잡아 해충의 피해를 막은 것으로 보아 개를 잡는 것이 복날의 옛 행사요, 지금 풍속에도 개장이 삼복 중의 가장 좋은 음식이 된 것이다."

이를 토대로 유추해 보면 복날에 개장국을 먹는 것은 조선뿐 아니라 중국에서도 일상적인 일이었으며 그 기원은 무려 2,500년을 훌쩍 뛰어넘을 정도로 오래된 일이었음을 알 수 있다.

여기서 의문이 든다. 왜 하필 복날에 먹는 음식의 재료가 개인 걸까? 그 유래는 복(伏)이라는 글자가 품고 있다. 한자로 복(伏)은 '엎드리다, 숨다, 굴복하다'라는 뜻을 가지고 있다. 음양오행설(陰陽伍行說)에 따르면 오행[火, 水, 木, 金, 土]의 기운 중 금(金)의 기운이 승한 계절은 가을이다. 그런데 삼복은 여름의 한가운데이므로 여름이 지닌 화(火) 기운에 눌려 금(金)은 기를 펴지 못하고 엎드려[伏] 있을 수밖에 없는 시기이다. 또한 십간 중에서 유독 경일을 복날로 지정한 것 역시 경(庚)이 오행 중 가을의 기운인 금(金)의 속성을 띤 날이기 때문이다. 따라서 금의 기운을 내포하는 경일이 더위를 물리치기에 가장 적합할 것으로 여겼던 것이다.

복날 개장국을 먹는 것도 마찬가지의 이유에서이다. 복날에는 화극금(火克金)이라 하여 '불이 쇠를 녹일' 정도로 여름철의 불 기운이 극에 달하기 때문에 체내에서도 금기(金氣)가 빠져나가 몸이 허해진다고 생각했다. 따라서 여름에는 상대적으로 부족한 금의 기운을 보충해 주어야 더위를 먹지 않고 인체가 건강을 유지할 것이라 믿었다. 개는 방위상으로 금의 기운이 강한 서쪽에 해당하는 동물이다. 따라서 복날에는 금의 기운이 강한 개를 먹어서 인체에 부족한 금의 기운을 보충하고자 했던 것이다. 이렇듯 우리네 조상들은 먹거리 하나에도 깊은 의미를 담곤 했다.

고기, 보양식의 다른 이름

예부터 사람들은 몸을 보하는 음식, 즉 보양식을 먹어 건강을 유지하려는 생각을 가지고 있었다. 동양의 의서(醫書) 중 많은 책이 '약보불여식보천보만보불여식보(藥補不如食補千補萬補不如食

補)'라 하여 '약은 아무리 많이 먹어도 (좋은) 음식에 미치지 못한다.'는 '약식동원(藥食同源)' 입장을 고수한다. 즉, '밥이 보약이다.'라는 사상이 오랫동안 뿌리내리고 있었다. 따라서 병이 들거나 몸이 허약해지면 약을 쓰는 것만큼 잘 먹는 것을 중요시했고 그래서 보양식이라 불리는 양생음식(養生飮食, 건강을 지켜 주는 음식)이 발달했다.

전통적인 양생음식의 재료로는 소·돼지·양·토끼·염소·개 등 가축 고기와 닭·꿩·거위·오리 등 가금 고기, 잉어·장어·미꾸라지 등의 물고기와 전복·생굴 등의 해산물과 사슴의 피와 혀·곰의 쓸개·소의 꼬리·돼지의 족(足)과 같은 특수 부위, 흑염소나 오골계 등 색깔이 특이한 동물이 많이 사용되었다. 이들은 크게 두 가지 공통점을 지니는데 그중 하나는 주로 뜨거운 물에 푹 삶거나 고아서 걸쭉한 탕을 만드는 요리법을 사용했다는 것이다. 그리고 또 하나는 대부분 단백질이 풍부한 음식이라는 뜻이다. 왜 하필 고기를, 그것도 푹 끓여서 진국을 우려내 먹었을까?

단백질, 아미노산 복합체

단백질(蛋白質, protein)은 아미노산으로 이루어진 고분자 유기물을 총칭하는 말이다. 단백질은 생물체의 몸을 구성하는 가장 중요한 구성 요소일 뿐 아니라 탄수화물이나 지방 같은 에너지원이 부족할 경우에 1g당 4Kcal를 발생시키는 에너지원으로도 기능할 수 있다. 즉, 탄수화물과 지방의 역할을 단백질이 대신할 수 있다는 의미다. 하지만 그 반대의 경우는 불가능하다. 그래서 단백질은 생물이 존재하고 살아가는 데 가장 중요한 물질이라는 의미로, '가장 중요한 것'이라는 뜻을 지닌 그리스 어 'proteios'에서 'protein'이라는 이름을 따왔다.

앞서 말했듯 단백질의 기본 구성단위는 아미노산이다. 아미노산이란 염기성을 나타내는 아미노기($-NH_2$)와 산성을 나타내는 카르복시기($-COOH$)가 하나의 탄소에 결합된 형태의 분자를 의미하는 말이다. 사람의 몸을 구성하는 단백질은 20종의 아미노산

$$H_2N - \underset{\underset{H}{|}}{\overset{\overset{R}{|}}{C}} - COOH$$

기본 아미노산의 분자 구조식. R의 위치에 어떤 물질이 위치하느냐에 따라 아미노산의 종류가 달라진다.

(글리신·알라닌·발린·류신·아이소류신·트레오닌·세린·시스테인·메티오닌·아스파르트산·아스파라긴·글루탐산·글루타민·라이신·아르기닌·히스티딘·페닐알라닌·티로신·트립토판·프롤린)으로 이루어진다. 아미노산의 종류만도 20가지인데 이들의 조합과 배열에 따라 서로 다른 단백질이 만들어지므로 형성될 수 있는 단백질의 종류는 어마어마하게 많다.

단백질, 무슨 일을 할까?

단백질은 매우 다양하지만 이들의 역할은 크게 세 가지로 볼 수 있다.

먼저 단백질은 생체를 구성한다. 일단 생물체의 가장 기본 구성단위는 세포인데 모든 세포의 세포막은 단백질과 지질로 구성되어 있다. 뿐만 아니라 세포 내 소기관이나 세포질에도 다양한 종류의 단백질이 들어 있다. 또한 뼈와 피부, 연골, 혈관, 인대, 힘줄 등을 구성하는 콜라겐과 엘라스틴, 피부 및 머리카락, 손톱 등 상피구조를 형성하는 케라틴 등도 단백질의 일종이다. 이들은 직접 신체를 구성하고 지지하는 역할을 한다. 단백질이 부족하면 피부와 머리카락의 윤기가 사라지고 거칠어지며, 손톱이 갈라지고 부러지기 쉬운 이유가 여기에 있다. 이들을 구성하는 주요 물질이 단백질이기 때문이다. 인간의 신체 내에서 단백질이 차지하는 비율은 약 16% 정도로, 이는 물(70%) 다음으로 가장 많이 존재하는 물질이다.

두 번째로 단백질은 신체에서 일어나는 다양한 반응을 조절한다. 생체는 살아 있는 동안 내내 쉬지 않고 다양한 대사 활동을 수행하며 살아간다. 생물체 내에서 대사 활동이 제대로 이루어지도록 조절하는 촉매 역할의 물질을 효소(酵素, enzyme)라고 한다. 신체 내 효소는 거의 대부분 단백질로 이루어져 있으며, 마찬가지로 조절 작용을 하는 호르몬 역시 많은 종류가 단백질로 구성되어 있다. 예를 들어 췌장에서 분비되어 혈당을 조절하는 호르몬인 인슐린과 글루카곤은 각각 51개의 아미노산과 29개의 아미노산으로 구성된 단백질의 일종이다. 인슐린에 문제가 생기면 당뇨병이 생기는 것처럼 효소가 제 기능을 못하면 건강의 이상으로 이어지곤 한다.

마지막으로 단백질은 생체를 보호한다. 이들은 동물의 털이나 손톱, 뿔 등을 구성하는 케라틴이나 갑각류 또는 곤충의 외피를 만드는 키틴처럼 직접적으로 동물의 몸을 감싸서 보호할 뿐만 아니라 항체(抗體, antibody)의 주된 구성 성분이 되어 외부로부터 유입된 미생물 등을 퇴치하고 질병으로부터 생체를 보호하는 역할도 수행한다. 따라서 단백질이 부족하면 항체 생성 능력이 떨어져 질병에 쉽게 감염되거나 혹은 질병에서 회복되는 속도가 느려

질 수 있다. 환자에게 고단백 음식을 추천하는 이
유도 여기에 있다.

　인간의 신체를 구성하고 조절하는 데 있어 단
백질이 가장 중요한 요소라는 사실은 인간의 몸
이 왜 늘 항상성(恒常性, homeostasis)*을 유지하
기 위해 필사적인지를 설명하는 이유가 된다. 일

우리 몸이 여러 환경의 변
화에 맞춰 생명 현상이 제
대로 일어날 수 있도록 일
정한 상태를 유지하려는 성
질. 예를 들면 우리 몸의 체
온이 더운 여름이나 추운
겨울에 상관없이 일정하게
유지되는 것이 항상성의 일
환이다.

반적으로 단백질은 온도와 산성도에 민감하게 반응하여 고열에
노출되거나 산성도가 변화하면 변성된다. 달걀을 뜨거운 프라이
팬에 놓으면 액체 상태였던 흰자와 노른자가 굳는 것이나, 우유
에 식초를 넣고 저어 주면 몽글몽글한 덩어리가 생기는 것 역시
온도와 산성도 변화에 의해 달걀과 우유 속의 단백질이 변성되어
나타나는 현상이다. 인체를 구성하는 주요 물질과 체내 대사 활동
을 조절하는 효소와 호르몬의 대부분이 단백질로 이루어져 있다
는 것은, 이들이 제대로 기능을 수행하기 위해서는 온도와 산성도
가 늘 일정하게 유지되어야 한다는 뜻이다. 실제로 인간의 신체는
36.5℃의 체온과 pH 7.4의 산성도를 늘 유지하도록 끊임없이 조
절되고 있다. 특히나 신체를 구성하는 단백질이 허용하는 온도와
산성도의 범위는 매우 좁아서 우리는 체온이 1~2℃만 변해도 몸
에 이상을 느끼며 혈액의 pH가 정상치에서 0.05만 변화해도 산증
(acidosis)이나 알칼리증(alkalosis) 등의 이상 증상이 나타날 정도
다. 따라서 산성 체질이라느니 알칼리성 음식을 많이 먹어 체질을

변화시켜야 한다느니 하는 주장들은 그 근거가 매우 희박하다.

단백질의 공급 경로

이렇듯 생명체는 살아가기 위해서 단백질을 꼭 필요로 한다. 모든 세포는 세포 내에 단백질 합성 기관인 리보솜(ribosome)을 가지고 있으며 생명 활동에 필요한 단백질들을 합성하며 살아간다. 보통 세포는 개체당 적게는 1,000개에서 많게는 100만 개의 리보솜을 가지고 있다. 체내의 단백질 종류와 쓰임새가 많기 때문에 이를 합성하는 단백질 합성 공장인 리보솜 역시 많은 숫자가 존재하는 것이다. 사람의 경우, 인체 내에서 필요한 단백질을 만드는 정보는 DNA 형태로 핵 속에 저장되어 있다.

예를 들어, 혈액 속 적혈구를 구성하는 주요 단백질인 헤모글로빈의 경우, 11번 염색체에 정보가 들어 있다. 적혈구가 만들어지기 위해서는 헤모글로빈의 합성이 필요한데 핵 속에 꽁꽁 뭉쳐 있던 DNA 사슬들이 일부 풀어지면서 헤모글로빈을 만드는 데 필요한 유전자 정보가 포함된 부분만이 RNA의 형태로 복사되어 핵 밖으로 유출된다. 이렇게 단백질 합성에 관련된 정보를 전달해 주는 RNA를 일컬어 메신저 RNA, 줄여서 mRNA라 한다. 핵을 빠져나온 mRNA는 리보솜에 정보를 전달해 주고, 리보솜은 mRNA가

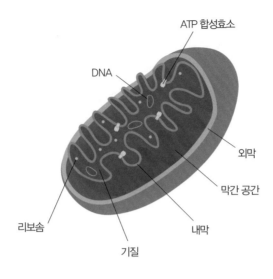

ATP 합성효소

DNA

외막

막간 공간

리보솜

내막

기질

미토콘드리아 내 리보솜.

전달해 준 정보를 바탕으로 주변에 존재하는 아미노산들을 이용해 헤모글로빈을 만들어 내는 것이다. 이를 단백질 생합성이라고 한다.

단백질 생합성이 일어날 때 가장 중요한 것은 특정 단백질을 만드는 데 필요한 아미노산이 충분히 존재해야 한다는 것이다. 리보솜에서 일어나는 단백질 생합성 과정은 대표적인 all-or-none 반응이다. 이는 전체(all)가 존재하지 않으면 전혀 반응이 일어나지 않는다(none)는 뜻이다. 예를 들어, 리보솜이 어떤 단백질을 만드는 데 다섯 가지 종류의 아미노산이 각각 100개씩 필요하다고 하자. 그런데 이때 단 한 개라도 부족하다면 이 단백질은 아예 합성되지 않는다. 부족한 아미노산의 종류나 개수와는 상관이 없다. 무조건 전체 세트가 갖추어져야 만들어지는, 다소 융통성 없는 합성 경로를 가지는 것이 단백질이다.

일반적으로 인체 내에서 단백질 합성에 필요한 아미노산은 20종이다. 이 중 12종은 체내에서 아미노산 자체가 합성되므로 부족한 경우가 드물다. 하지만 발린, 류신, 아이소류신, 메티오닌, 트레오닌, 라이신, 트립토판, 페닐알라닌, 이렇게 8종은 체내에서 합성이 불가능하므로 반드시 음식을 통해 섭취해야 한다. 이처럼 체내 합성이 되지 않아 반드시 음식을 통해 공급받아야 하는 아미노산들을 일컬어, 꼭 필요하다 하여 필수 아미노산*이라 부른다. 일반적으로 부족 문제를 일으키는 아미노산의 대부분은 체내에서 합성되지 않는 필수 아미노산들이다. 필수 아미노산 중 어느 한 가지라도 결핍되거나 혹은 부족하게 섭취되면 이 아미노산과 관련된 단백질의 합성이 모두 중지된다. 그래서 단백질은 충분히 섭취하는 것도 중요하지만 골고루 섭취하는 것도 중요하다. 단백질 식품의 영양학적 가치를 논할 때 '양보다 질'을 중요시하는 이유가 바로 여기에 있다.

성인의 경우 필수 아미노산은 8종이다. 하지만 성장기 어린이의 경우 히스티딘과 아르기닌도 제대로 합성하지 못하므로 총 10종이 필수 아미노산으로 지정되어 있다.

보양식, 질 좋은 단백질 식품

앞서 말했듯이 단백질은 인간뿐 아니라 모든 생물체의 신체와 조절 요소의 대부분을 차지하는 물질이다. 그래서 단백질 성분은 인간이 섭취하는 음식 중 식물성과 동물성 음식 모두에 들어 있다. 하지만 일반적으로 동물성 식품은 식물성 식품에 비해 더 우수한 단백질 공급원으로 인식된다. 이는 곡류나 채소류 등의 식물성 식품 속에 포함된 아미노산의 종류와 개수가 고기나 생선, 우유 등 동물성 식품에 포함된 아미노산의 종류와 개수에 비해 적기 때문이다. 이렇게 식품 속에 포함된 단백질의 종류나 개수를 '단백가'라고 하는데 콩을 제외하고는 일반적으로 식물성 식품의 단백가는 동물성 식품의 단백가에 비해 떨어진다. 우리가 전통적으로 보양식이라고 여겼던 식품들이 거의 대부분 동물성 식품인 이유는 이들이 단백가가 높은 식품이기 때문이다.

우리의 전통 식단은 쌀과 보리, 조 등의 곡류를 중심으로 하여 각종 김치와 장아찌, 나물류의 채소 반찬이 곁들여진 형태로 구성되었다. 따라서 단백가가 낮은 식품으로 주로 구성된 이 식단이 장기적으로 지속되었을 경우, 필수 아미노산의 부족으로 인해 신체에 이상 증상이 나타날 수 있다. 이때 단백질이 풍부한 동물성 식품이 든 보양식은 아미노산의 공급을 늘려 신체 이상 증상을 개선시키는 효과가 있다. 더위가 절정에 달하는 삼복에는 개장국이나 삼계탕을 먹고, 산후 조리하는 산모에게는 잉어와 닭을 넣어 만든 용봉탕으로 산고를 위로하며, 몸이 허하다고 느끼는 남성들이 장어를 찾고, 입맛을 잃은 환자에게 전복죽을 쑤어 주고, 왕의 안색이 나빠지면 타락죽을 끓여서 대령했던 이유도 다 이와 연관된다.

현대의 보양식, 어떤 의미일까

허약해진 신체를 보한다는 보양식의 역사는 매우 오래되었기에 그 전통은 현대에도 이어지고 있다. 해마다 복날이 되면 유명한 삼계탕집 앞에 길게 줄이 늘어서고, 찬바람이 불기 시작하면 진하게 끓인 꼬리곰탕과 걸쭉한 추어탕이 인기를 끄는 것은 이런 전통이 남아 있기 때문이다. 하지만 시대가 흐르고 식단이 변화하면서 보양식이 지닌 의미는 많이 퇴색되었다.

영양 부족으로 인한 문제보다는 오히려 영양 과잉으로 인한 문제들이 더 많이 발생하는 현대 사회에서 고단백질뿐 아니라 고열량이기까지 한 대부분의 보양식들은 오히려 영양 과다 문제를 악화시킬 가능성이 높다. 또한 단백질은 한꺼번에 많은 양을 섭취하는 것보다 매일매일 적절한 양을 섭취하는 것이 좋다. 일반적으로 성인의 경우 여성은 55g, 남성은 70g의 단백질 섭취가 매일 필요하며 이 중에서 1/3 가량은 동물성 식품을 통해 섭취하는 것이 좋다. 인체는 소화 과정을 통해 음식 속에 포함된 단백질을 아미노산 형태로 잘게 분해하고, 이를 다시 체내에서 필요한 단백질을 합성하는 데 필요한 재료로 이용한다.

단백질에서 분해된 아미노산은 따로 구분되어 저장되기보다 그때그때 필요한 단백질 합성 반응에 사용된다. 그래서 체내에는 항상 다양한 종류의 아미노산이 적절한 양만큼 존재하는 게 신체의 균형적인 조절을 위해 중요하다. 평소에는 단백질 식품을 거의 섭취하지 않다가 갑자기 대량으로 섭취하거나 혹은 단백가가 낮은 식물성 단백질(콩은 제외) 형태로만 섭취하는 것은 건강을 위해 그다지 권할 만한 방법이 못 된다. 시대가 변하면서 식단의 구성이 변했듯 이제는 영양을 위해 양껏 섭취했던 보양식의 개념도, 독특한 풍미를 즐기기 위해 적당히 음미하는 별식의 의미로 변해야 할 것이다.

닭백숙과 누룽지 닭죽

맛과 영양을 동시에!

준비물   닭, 통마늘, 통후추, 대파, 찹쌀누룽지, 감자, 각종 다진 야채

요리방법

1. 닭을 깨끗이 씻어서 꽁지 부분을 잘라 냅니다. 닭과 오리는 꽁지 부분을 잘라 내야 누린내가 나는 걸 막을 수 있어요. 저는 국물에 기름 뜨는 게 싫어서 껍 질과 지방 덩어리들을 최대한 제거합니다.

2. 커다란 냄비에 손질한 닭을 넣고 통마늘, 통후추, 대파 뿌리 등을 넣어 푹 삶 아 냅니다. 말린 대추랑 밤도 넣으면 좋습니다.

3. 고기와 뼈가 분리될 정도로 잘 삶아지면 닭만 건져서 먼저 먹도록 해요. 소 금만 찍어 먹어도 맛있어요.

4. 닭을 건져 낸 후 닭 삶은 국물에서 다른 부재료들을 모두 걸러 냅니다. 이렇 게 걸러 낸 맑은 육수에 잘게 다진 감자와 각종 채소를 넣어 다시 끓입니다. 아이들에게 인기가 없는 퍽퍽한 가슴살도 잘게 다져 넣습니다. 채소가 어느 정도 익으면 찹쌀누룽지를 넣고 누룽지가 살짝 퍼질 때까지 끓이면 누룽지 닭죽이 완성됩니다.

영양 만점!

영양죽

돈가스

누구나 최고로 좋아하는 반찬

준비물 돼지고기 안심, 밀가루, 달걀, 빵가루, 소금, 후추, 다양한 소스들

요리방법

1. 기름 없는 돼지고기 안심을 납작하고 길쭉하게 잘라 소금과 후추 약간으로 밑간합니다.

2. 밑간한 고기에 밀가루, 풀어 놓은 달걀, 빵가루 순으로 옷을 입힙니다. 한 끼에 먹을 만큼만 남겨 두고 나머지는 냉동 보관하기로 합니다. 용기에 랩을 깔고 돈가스를 한 층 쌓은 뒤 다시 랩을 깔고 한 층 더 올리는 순으로 반복합니다. 그래야 나중에 냉동실에서 꺼냈을 때 고기끼리 달라붙지 않아요.

3. 끓는 기름에 돈가스를 넣어 튀겨 냅니다. 얼려 둔 것을 튀길 때에는 냉동실에서 꺼낸 뒤 얼음 결정을 어느 정도 제거해야 기름에 넣었을 때 기름이 덜 튀어요.

4. 잘 튀겨진 돈가스에 소스를 찍어서 드세요. 돈가스 소스나 케첩 외에도 스위트칠리 소스, 타르타르 소스, 스테이크 소스, 탕수육 소스 등 다양한 소스를 곁들이면 더욱 색다르게 즐길 수 있습니다.

잘 튀겨진 돈가스는 바사삭!

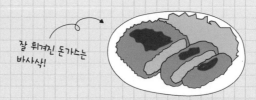

8월: 백중과 감자전

감자가 구황식물의 대명사가 된 이유는?

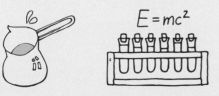

잠시 일손을 놓고 쉬어 가는 날

벌써 해가 중천에 솟았는데 여느 때와 달리 논밭에는 일하는 사람이 없다. 오늘은 음력 칠월 보름, 백중(百中)날이다. 오늘은 바쁜 여름철 농번기를 마무리하고 곧 다가올 수확의 계절 전에 잠시 힘든 농사일에서 손을 놓고 허리를 펴는 날이다. 집집마다 잘 익은 여름 과일을 따서 사당에 차례를 지내고 나면, 주인은 그간 힘든 농사일에 지친 머슴과 일꾼들에게 특별히 장만한 푸짐한 아침상과 함께 새 옷이나 가욋돈을 선물하곤 했다. 배불리 먹고 새 옷을 입은 이들이 나들이를 나선 곳은 읍내 장터였다. 이날은 특별히 '백중장'이라 하여 흥겨운 놀이판이나 씨름판이 벌어지는 특별장이 열리기 때문이다.

흥겨운 잔칫날에는 별식이 빠질 수 없는 법, 경남 지역에서는 백중날이면 100종류의 나물을 무쳐 먹어야 한다는 속설이 전해 내려오는데 백(百) 가지나 되는 나물을 모두 구할 수 없어 대신 가지의 껍질을 벗겨 하얀 속살로만 만든 백(白)가지 나물을 먹곤 했다.

또한 백중 즈음에는 호박과 감자가 제철이므로 호박 부침과 감자전을 만들어 먹었는데 그중에서도 특히 감자전은 별미였다. 감자를 곱게 갈아 물에 담가 녹말기를 제거한 뒤, 이를 기름에 지져 내는 감자전은 별다른 양념을 하지 않아도 고소하고 쫄깃하여 한 번 맛보기 시작하면 도저히 젓가락을 뗄 수 없을 정도였다.

먹을 것이 풍부하지 못하던 시절, 주기마다 돌아오는 명절이나 절기는 많은 서민에게 있어 '별식을 먹는 날'과 동일한 의미로 받아들여지곤 했다. 이때 먹는 음식은 대개 그 철에 가장 많이 나는 식자재를 이용한 음식이기에 맛과 함께 자칫 부실해지기 쉬운 식단에서 영양학적 균형을 잡는 데도 많은 역할을 했다. 그리고 이 별식들의 리스트에는 시대가 지남에 따라 새로운 음식이 등장하기도

감자전.

했는데 오늘 이야기할 감자 역시 그중 하나이다.

감자, 구황식물의 대명사

감자(甘藷, potato)란 가짓과에 속하는 다년생 식물이다. 가짓
과에 속하는 식물 중에는 식용으로 쓰이는 것들이 많은데 가지를
포함해 토마토와 파프리카도 가짓과에 속하는 식물이다. 감자는
옥수수, 밀, 쌀에 이어 세계 4대 식량 작물로 연간 약 3억 톤이 생
산되고 소비된다. 하지만 기존의 식량 작물과는 달리 감자는 인류
역사에서 소개된 페이지가 매우 짧다. 감자는 우리가 흔히 '신대
류'이라 부르는 아메리카 대륙 출신이기 때문이다.

감자의 DNA를 분석한 학자들은 감자가 약 7,000년 전 남아메
리카 페루의 남부 지방에서부터 재배되기 시작하여 아메리카 대
류 전체로 번져 나간 작물이라고 밝혔다. 또한 감자는 아메리카
대륙의 존재가 서구 사회에 알려지기 훨씬 전부터 그곳 사람들의
주식이었다.

수천 년 동안이나 아메리카 대륙에만 존재하던 감자가 유럽
사람들에게 첫선을 보인 것은 1570년경이었다. 에스파냐(현재
의 스페인) 출신 군인이었던 프란시스코 피사로(Francisco Pizarro
González, 1475~1541년으로 추정)가 잉카 제국에서 약탈한 금은보

화와 함께 당시 잉카 주민의 주식이었던 감자를 고국으로 보냈던 것이다.

피사로의 모국인 에스파냐로 건너간 감자는 이탈리아를 거쳐 곧 유럽 전역으로 전파되었다. 하지만 감자를 처음 접했을 때 유럽 인들은 감자를 그다지 반기지 않았다고 한다. 사람들은 기존 작물과 달리 어둡고 습한 땅속에서 열매(실제로는 덩이줄기)가 맺히는 감자를 쉽게 받아들이지 못했다.

프란시스코 피사로는 에스파냐 출신의 군인. 남아메리카 페루 지역에 존재했던 잉카 제국을 정복했다.

특히 감자는 종종 구역질과 위장장애 같은 식중독 증상을 일으키곤 했는데 이는 당시 사람들이 감자를 어떻게 먹어야 할지 몰라 땅에서 캔 감자를 햇빛이 잘 드는 곳에 보관했다가 날것으로 먹었기 때문이다. 원래 땅속에서 자라는 감자는 햇빛을 받으면 초록색으로 변하면서 독성 물질이 생기는데 이를 날것으로 먹으면 복통이나 소화불량 증상이 나타난다. 당시 이 사실을 몰라 감자를 잘못 먹고 고생한 사람들이 많았기에 한동안 감자는 '악마의 열매'라는 별칭으로 더 많이 불렸다. 하지만 이러한 오해에도 불구하고 작물로써 지니는 감자의 장점은 매우 훌륭했기 때문에 생산량은 점점 더 늘어나기 시작했다.

일단 감자는 유럽의 서늘하고 건조한 기후에 적응을 잘했고, 땅속에서 맺히기 때문에 상대적으로 병충해에도 강했다. 그래서 다른 작물들이 다 죽어 나가는 흉년에도 감자는 기본 수확량이 보장되는 작물이었다. 또한 감자는 매우 빨리 자랐다. 보통 감자는 봄에 심어 여름에 수확해 먹곤 한다. 파종 후 2~3개월이면 수확이 가능할 정도로 자라는 속도가 빠른 것이다.

또한 알곡을 수확하고 난 뒤 건조와 탈곡, 도정, 제분이라는 복잡한 과정을 거쳐야 하는 쌀이나 밀과는 달리 감자는 먹는 방법도 간단하다. 그저 깨끗이 씻어서 약간의 물을 넣고 삶기만 하면 별다른 반찬 없이도 먹을 수 있다. 이런 특징으로 인해 감자는 구황식물(救荒植物)이자 서민의 주식으로, 가난한 이들의 생명줄로 자리를 잡았다.

이렇게 유럽의 근대사에서 큰 역할을 차지했던 감자는 얼마 지나지 않아 동양으로도 전파되었다. 우리나라에는 1824년경 조선에 숨어 들어온 청나라 사람들이 산속에서 식량용으로 감자를 재

다양한 야생종 감자의 모습. 현재 감자는 재배종과 야생종을 통틀어 약 400여 종이 존재하는데, 이 모든 감자는 7,000년 전 처음 나타난 하나의 원종에서 갈라진 것으로 추정되고 있다.

배하면서 유입된 것으로 알려졌다. 국내에 들어온 감자 역시 구황 작물로 인기가 높았다. 특히나 산간 지역이 많아 벼농사가 어려웠던 강원도 지역을 중심으로 감자 재배 면적이 빠르게 늘어났다.

감자, 영양소의 보고

우리가 감자에서 식용으로 섭취하는 부위는 땅속에 위치하지만 구조상 뿌리가 아닌 줄기에 속하는 덩이줄기이다. 덩이줄기, 혹은 괴경(塊莖)은 식물이 영양소를 저장하기 위해 줄기를 변태시켜 만든 덩어리 형태의 기관을 말한다. 감자와 돼지감자, 토란 등이 식용 가능한 덩이줄기들이다. 수분(75%)과 녹말(13~20%)이 주성분인 감자는 좋은 열량 공급원이다.

19세기 아일랜드 농민의 40%는 감자만 먹고 살았다고 하는데, 특정 음식 한 가지만 먹고도 살아갈 수 있다는 것은 그 음식이 열량뿐 아니라 영양소도 고루 가지고 있다는 뜻이다. 실제로 감자에는 단백질과 무기질, 특히나 비타민 B1과 비타민 C, 칼륨 등이 풍부하다.

여기서 주목해야 할 것은 비타민 C다. 비타민 C는 인간에게 꼭 필요한 필수 영양소인데 부족하면 괴혈병이 발생한다. 일반적으로 비타민 C는 채소와 과일에 풍부하게 들어 있어 이들을 충분히 먹는 동안에는 부족 증상이 나타나지 않는다. 하지만 비타민 C는 열에 약해 쉽게 파괴된다. 실제로 시금치를 3분만 익혀도 시금치 속에 포함된 비타민 C의 절반이 파괴된다. 하지만 감자 속에 포함된 비타민 C는 열에 강해서 감자를 40분이나 쪄도 약 3/4에 달하는 비타민 C가 보존된다. 따라서 감자는 장기적으로 신선한 채소나 과일의 보급이 어려웠던 해상 생활에서 열량과 함께 비타민 C까지도 보급해 줄 수 있는 훌륭한 식량이었다. 흔히 해적이나 선원들의 이야기를 다룬 소설 속에서 감자를 먹는 장면이 유독 많이 등장하는 이유가 바로 이 때문이다.

이렇게 영양학적 우수성이 높은 감자는 설탕보다 소금을 넣어 요리하는 것이 좋다. 설탕을 뿌리면 감자의 비타민 B1이 소모되는 반면 소금을 뿌리면 감자 속에 많이 든 칼륨이 소금의 나트륨을 배출해서 무기염류의 균형을 맞춰 주기 때문이다.

감자에 대한 오해

여기까지 보면 감자는 식량 자원으로써 매우 유익한 장점만을 가진 작물인 듯 보인다. 하지만 초기에 감자가 유입되었을 때 감자는 '악마의 열매'로 불릴 정도로 기피되었다. 일차적인 이유는 열매가 땅속에서 열린다는 것이었고*, 이차적인 이유는 감자를 먹고 탈이 난 사람들이 많았기 때문이다. 이는 감자 속에 든 독성 알칼로이드인 솔라닌(solanine) 때문에 일어난 현상이다.

솔라닌이란 감자나 토마토 같은 가짓과 식물에 원래부터 포함되어 있는 알칼로이드 성분이다. 솔라닌은 체내에서 적혈구를 파괴하는 용혈성 세포독성물질로 기능하기 때문에 솔라닌을 일정량 이상 먹게 되면 두통·구역질·위장 장애 증상이 나타난다. 그리고 다량으로 섭취했을 때에는 신장염이 생기고 중추신경계를 마비시켜 심하면 사망에 이를 수도 있는 다소 무서운 물질이다. 솔라닌은 주로 감자의 눈과 햇빛을 쬐어 초록색으로 변한 부분에 들어 있다.

원래 감자의 속살은 연한 노란색이지만 햇빛을 받으면 초록색으로 변한다. 감자는 뿌리가 아니라 줄기이므로 햇빛을 받게 되면 엽록소가 늘어나 초록색을 띠게 된다. 그런데 감자는 원래 땅속에 있어야 하므로 감자가 햇빛에 노출된다는 것은 정상적인 상황이 아니다. 따라서 감자에게는 햇빛이 스트레스 요인이 되어 솔라닌을 분비하게 된다. 솔라닌은 살충

중세 유럽에서는 식재료가 생산되는 위치에 따라 고귀한 것과 그렇지 못한 것으로 나누었다. 즉 땅에 가까울수록 천한 것, 하늘에 가까울수록 귀한 것이었다. 예를 들어 양파는 천한 음식에 속했다. 양파의 알뿌리는 땅에 반쯤 묻혀 있기 때문이다. 반면에 과일은 고귀한 음식이었다. 높은 나뭇가지에 매달려 있기 때문이다. 감자의 경우, 아예 땅속에 묻혀서 자라기 때문에 감자가 유럽에 전해진 초기에는 많은 사람으로부터 배척을 받았다.

감자를 손질할 때 녹색으로 변한 껍질을 잘 제거하고 조리하면 충분히 먹을 수 있지만 알맹이까지 녹색으로 변했다면 되도록 먹지 않는 것이 좋다.

제로 이용되는 성분인데 스트레스 상황에 놓인 감자가 스스로를 지키고자 솔라닌 합성량을 늘리는 것이다.

마찬가지 관점에서 보면 유독 감자의 눈에 솔라닌이 많이 포함되어 있는 것도 납득이 된다. 감자의 눈은 새로운 감자가 될 싹이 자라날 중요한 부위이므로 벌레에 의해 먹히는 것을 방지하고자 솔라닌으로 방어막을 치는 것이다. 초기에 감자를 먹었던 이들은 이러한 사실을 잘 몰랐기 때문에 감자를 햇빛이 잘 드는 곳에 보관했다가 초록색으로 변한 부분을 잘라내지 않고 그냥 먹었다. 그래서 솔라닌 중독으로 고생하는 경우가 많았던 것이다. 이를 방지하기 위해서 감자가 초록색으로 변하지 않도록 직사광선을 차단한 곳에 보관해야 하며, 감자의 눈과 초록색으로 변색된 부분은 요리하기 전에 반드시 도려내야 한다.

감자, 인류 역사의 한 획을 긋다

하지만 이런 기피에도 불구하고 감자가 가진 작물로써의 이점은 감자를 유럽 전역으로 빠르게 퍼지게 만들었다. 특히나 감자를 가장 성공적으로, 가장 널리 재배한 것은 아일랜드였다. 섬나라 영국의 왼쪽에 자리 잡은 또 하나의 섬나라인 아일랜드는 원래 비옥한 토지를 가진 농업 국가였다. 그러던 중 1801년 영국의 식민지가 되면서 아일랜드는 그대로 영국의 식량 창고가 되었다. 영국은 아일랜드에서 생산된 밀의 상당 부분을 세금으로 수탈했고, 힘들여 농사지은 밀의 대부분을 빼앗긴 아일랜드 농민은 늘 굶주림에 시달려야 했다. 이때 그들을 구해 준 것이 감자였다.

밀이 자라지 못하는 황무지에서도 잘 자라고 단위 면적당 소출량도 높은 감자는 아일랜드 농민을 굶주림에서 해방시켜 준 고마운 작물이었다. 당시 아일랜드 농민은 세금으로 내기 위해 밀을 재배했고, 자신들이 먹기 위해 감자를 재배했다.

아일랜드 농민의 식단에서 감자가 차지하는 비율은 매우 높아서 전체 농민의 40%는 감자만을 먹고 살 정도였다. 비록 식단은 단조로웠지만, 감자는 소출량이 많고 영양소도 풍부했기에 아일랜드 농민은 실로 오랫만에 굶어 죽는 위험에서 벗어났다. 심지어 인구가 늘어나기까지 할 정도였다. 이런 상황은 1845년까지 이어졌다.

항상 불행은 방심할 때 찾아온다. 아일랜드의 농민이 굶어 죽는 위험에서 벗어났다고 생각했던 1845년, 아일랜드의 감자밭에 이상한 병이 유행했다. 감자역병균(phytophthora infestans)이 돌기 시작한 것이다. 감자역병균이란 감자나 토마토만을 침해하는 곰팡이의 일종으로, 이 병에 걸리면 잎에 반점이 생기면서 마르고 감자는 물렁물렁하게 썩어서 먹을 수 없게 된다. 감자역병균은 저온 다습할 때 주로 발생하는데, 1845년은 유독 비가 잦았고 날씨

감자역병균에 감염되어 썩어 버린 감자.

가 서늘한 편이었기에 감자역병균이 대량 번식하여 순식간에 아일랜드 전역을 휩쓸었다. 이렇게 시작된 감자역병균의 대유행은 이후 7년간이나 이어져 '아일랜드 대기근(Irish Great Famine)'을 가져왔다.

감자를 공격한 곰팡이 질병의 유행은 감자만이 아니라 아일랜드 사회 전체에 엄청난 영향을 미쳤다. 감자 농사를 망치게 되자 전적으로 감자에 의존하던 농민은 굶을 수밖에 없었고, 결국 7년의 대기근이 끝날 무렵 아일랜드 인구는 850만 명에서 600만 명으로 급격히 줄었다. 이 중에서 100만 명은 극심한 식량 부족으로 굶어 죽은 이들이었으며 150만 명은 배고픔을 견디다 못해 고국을 등진 채 어디로든 떠난 사람들이었다. 아일랜드는 섬나라였기 때문에 나라 밖으로 탈출하기 위해서는 배를 타야 했다.

대기근 시기, 수많은 배가 아일랜드를 떠났다. 그러나 그 배에 탔다고 해서 죽음의 위협으로부터 벗어난 것은 아니었다. 당시 아일랜드에서 쏟아져 나오는 엄청난 난민을 주변 국가들이 제대로 받아 주지 않았기에 그들은 멀고 먼 개척의 땅으로 향해야 했다. 바로 북미 대륙이었다. 하지만 대서양은 기운 없는 난민이 허술한 배로 건너기에는 그리 만만한 바다가 아니었다. 결국 살기 위해

아일랜드 대기근을 추도하는 동상. 아일랜드 더블린에 위치하고 있다. ⓒ Kathrina Schmidt

고향을 등지고 떠났던 이들 중 열에 여덟은 땅에 발을 디뎌 보지도 못한 채 배에서 죽어 갔다. 이 배에서 어찌나 많은 사람이 죽어 갔던지, 아일랜드를 떠나는 배를 사람은 관선(棺船, coffin ship)이라고 부를 정도였다. 지금도 캐나다 몬트리올 지방에는 2만 5,000명의 아일랜드 인이 대량으로 묻힌 공동묘지가 있다. 묘비도 제대로 없이 대량으로 만들어진 무덤은 당시 아일랜드 인의 삶이 얼마나 절박하고 비참했는지 보여 주는 증거이다. 그리고 이 비극의 발단은 감자●였다.

감자, 기름과 결별하자

아일랜드의 대기근은 일차적으로는 감자 농사의 흉작 탓이었지만, 감자 흉년이 그토록 끔찍한 비극으로 이어진 데에는 영국의 수탈도 한몫했다. 감자 흉작으로 농민이 굶어 죽어 가는 상황에서도 영국은 아일랜드에 대한 수탈을 멈추지 않았다. 결국 영국으로 보낼 밀이 가득 찬 배 옆에서, 정작 그 밀을 생산한 아일랜드 농민은 굶어 죽는 아이러니한 현상이 벌어졌다. 이는 지금까지 이어지는, 영국과 아일랜드 사이 원한 관계의 발단이 되었다. 대기근 때 아일랜드를 떠나 타국에 자리를 잡았던 사람들 중 일부는 훗날 아일랜드 공화단(The Irish Republican Brotherhood, IRB)을 만들었으며, 아일랜드 공화군(The Irish Republican Army, IRA)도 이 단체로부터 생겨났다.

현재 감자는 전 세계적으로 네 번째로 많이 소비되는 식량 작물이며 그 규모는 연간 3억 톤 정도다. 특히나 서양 요리에서 감자는 빠질 수 없는 식재료로 주로 으깨거나 튀겨서 이용된다. 수많은 감자 요리 중에서 세계인들의 입맛을 사로잡은 것은 포테이토칩, 프렌치프라이 등 감자튀김이며 가장 많은 우려를 받는 것 또한 이 감자튀김이다. 사실 감자는 앞서 말했듯 인체에 매우 좋은 식품에 속한다. 열량도 충분할 뿐 아니라 곡물에 부족하기 쉬운 미네랄과 비타민도 충분히 함유되어 있기 때문이다.

그런데 이것이 기름과 만나면 상황이 달라진다. 감자를 채로 썰어 기름에 튀기면 튀김 기름이 감자 표면의 미세한 구멍 안으로 스며들어 기름에 흠뻑 젖게 된다. 실제로 프렌치프라이나 포테이토칩의 기름 함유량은 감자 조각의 두께에 따라 다르긴 하지만 15~35% 정도로 매우 높다. 또한 감자의 조각이 작거나 얇을수록 기름 함유량이 높아진다. 이는 감자의 열량을 지나치게 높이는 데다가 고온에서 가열하는 튀김의 특성상 감자에 포함된 비타민 등이 파괴될 가능성이 높아서 몸에 좋은 감자로 만들어진 감자튀김은 더 이상 '좋은' 식품이라 말하기 어려워진다. 현대인들이 감자를 섭취하는 가장 흔한 방법이 튀김이라는 사실은 감자에 대한 좋지 않은 고정관념을 형성하는 문제를 가져왔다. 하지만 나쁜 것은 감자가 아니라 조리법이다. 여전히 감자는 우리에게 매우 유용한 식량 자원이다.

감자, 미래의 식량으로

한때 화제가 되었던 세포융합 식물 중에 포메이토(potato+tomato= Pomato)가 있다. 포메이토란 토마토와 감자의 세포를 융합시켜 만든 하이브리드 식물로 땅 위 줄기에는 토마토가 열리고 땅속줄기에는 감자가 열려 사람들의 눈길을 끌었던 식물이다. 땅 위와 땅속 동시에 열매가 열린다는 것도 신기하지만 왜 하필이면 그 대상이 전혀 닮은 구석이 없어 보이는 토마토와 감자인 것일까?

얼핏 둘은 닮은 것 같지 않지만 사

땅 위 줄기에는 토마토가, 땅속줄기에는 감자가 열리는 포메이토.

실 감자와 토마토는 같은 가짓과에 속하는 식물이다. 우리가 식용으로 사용하지 않아서 거의 알지 못하지만 감자의 열매는 토마토와 상당히 비슷하게 생겼다. 이런 연관성 덕에 감자와 토마토가 한 몸에 자리 잡을 수 있었다. 그러나 전혀 연관성이 없는 식물까지 하이브리드를 형성할 수 있는 것은 아니다.

처음 포메이토가 등장했을 때는 식량 위기를 해결할 미래의 식량 자원으로 각광을 받았으나 지금은 어찌 된 일인지 포메이토에 대한 열풍이 많이 사그라졌다. 실제 개발된 포메이토는 감자나 토마토 어느 한쪽도 기존의 감자 혹은 토마토를 대체할 만큼 실한 열매를 맺지 못해 절반의 성공으로 끝났기 때문이다. 하지만 인류가 최초로 시도한 하이브리드 식물이 감자였다는 사실은 매우 큰 의미를 가진다.

어느 쪽이 토마토이고 어느 쪽이 감자일까? 왼쪽은 감자 열매이며, 오른쪽은 덜 익은 토마토 열매다. 이 둘은 얼핏 보아 구별하기 어려울 정도로 비슷하다.

오랜 세월 동안 흉년이 들었을 때 가난한 이들의 주식이 되어 주었고, 보릿고개를 견딜 수 있게 해 주었던 감자가 미래에 있을지 모를 식량 부족의 시대를 대비할 주역으로 각광받고 있다는 사실이 묘하게 연결된다. 감자는 과거에나 미래에나 인류를 굶주림에서 구해 줄 구황식물로의 역할을 계속 해 나갈 모양이다.

감자부침개
비 오는 날에 더 생각나는 고소한 별미

준비물 감자, 부침가루, 당근, 양파, 기타 다진 채소나 나물류, 햄

요리방법

1. 껍질 벗긴 감자를 강판에 갈거나 슬라이서에 넣고 다집니다.

2. 갈아 놓은 감자에 잘게 썬 당근, 양파 등을 넣고 잘 섞습니다. 데친 숙주나물, 부추, 미나리 등 나물을 잘게 썰어서 넣어도 좋고 아이들을 위해서 햄도 잘게 썰어 섞어 주세요.

3. 2번 과정에서 준비한 재료에 부침가루를 조금 넣어 부침 반죽을 만듭니다.

4. 달궈진 프라이팬에 기름을 두르고 반죽을 넣어 지져 냅니다. 감자부침개는 찢어지기 쉬우니 작게 부치는 것이 좋고, 약불에서 천천히 지져야 맛있답니다.

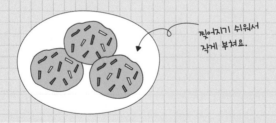

찢어지기 쉬워서
작게 부쳐요.

감자베이컨볶음

감자와 베이컨이 빚어내는 환상 궁합

준비물 감자, 베이컨, 양파

요리방법

1. 껍질을 벗긴 감자를 길쭉하고 잘게 썹니다. 그리고 물에 담가 녹말기를 제거한 뒤 체에 받쳐 두어 물기도 빼 줍니다.

2. 베이컨과 양파도 감자 크기로 썰어 둡니다.

3. 달궈진 프라이팬에 기름을 아주 조금만 두르고 감자, 베이컨, 양파를 넣어 볶습니다. 베이컨에 기름과 소금기가 배어 있기 때문에 기름은 조금만 둘러도 되고, 따로 간을 하지 않아도 됩니다.

4. 감자와 양파가 다 익으면 완성. 양파 대신 당근을 넣거나 파슬리 가루를 조금 뿌려서 볶으면 색이 예뻐진답니다.

당근이나 파슬리 가루를
뿌리면 색이 예뻐져요.

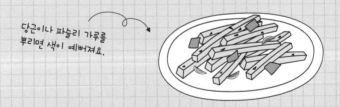

9월: 한가위와 햇과일

번식을 위한
과일의 미션 임파서블

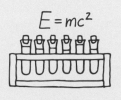

1년 내내 오늘만 같아라

"더도 말고 덜도 말고 한가위만 같아라."

어른들은 그렇게 말하곤 했다. 1년이 꼭 한가위만 같으면 좋겠다고. 음력 8월 보름에 드는 한가위는 1년 중 가장 풍성하고 넉넉한 날이었다. 한가위는 한여름 더위도 마다하지 않고 키워 낸 곡식과 과일을 거둬들이는 시기였다. 곳간에 먹거리들이 그득 들어차는 만큼 밥상도 풍성하고 인심도 넉넉한 날이 한가위였기에 그렇게 기원했으리라.

한가위 아침의 첫 행사는 조상께 차례를 지내는 것이다. 막 수

보름달.

확한 햅쌀로 지은 따끈한 밥에 햅쌀을 곱게 가루 내어 갓 여문 햇
곡식과 견과로 소를 넣은 송편 그리고 잘 익은 햇과일로 제사상
을 차리면 보고만 있어도 절로 배가 부른 듯했다. 배가 그득할 때
까지 맛난 음식들을 먹고 난 뒤 아이들은 옹기종기 모여 자신의
추석빔을 자랑했고, 힘깨나 쓴다는 장정들은 장터에서 송아지를
걸고 씨름판을 벌였다. 해가 저물고 1년 중 가장 밝다는 한가위
보름달이 두둥실 떠오르면 동네 처자들은 손에 손을 잡고 강강술
래를 외치며 힘차게 원을 뛰었다. 그렇게 한가위는 하늘의 둥근
달처럼 풍성하고 넉넉한 하루였다.

우리네 전통 명절과 세시풍속은 세월의 흐름에 따라 대다수가
사라졌지만 설날과 추석만큼은 아직도 굳건하다. 그중 추석은 여
름 내내 땀 흘려 노력한 결실을 얻은 것을 기뻐하는 날로 농경사
회의 오랜 전통 중 하나였으며 1년 중 가장 떠들썩한 날이었다.
추석이 기다려지는 이유는 풍성한 먹거리 때문이었다.

가을 추수철에 든 추석은 그 어떤 명절에 비해서도 먹을 것이 넉넉했기에 사람들의 마음도 너그러워지는 시기였다. 때문에 아무리 구두쇠에 짠돌이라도 이날만큼은 야박하게 굴지 않았다. 동네 사람들은 서로 맛난 음식을 나누어 먹었고, 아이들에게는 추석빔이라 하여 겨우내 입을 새 옷을 지어 주었으며, 식구들 수발에 힘들었을 며느리에게는 며칠 말미를 주어 친정에 다녀오게 했다. 그렇다고 추석에 무조건 먹고 놀기만 한 것은 아니었다.

추석은 한 해의 농사를 마무리 짓고 다음 해 농사를 준비하는 의미도 있었기 때문에 추석의 가장 큰 행사는 햇곡식과 햇과일로 정성껏 차례를 올리는 일이었다. 차례상을 차리기 전 많은 농가에서는 경건한 마음으로 '올게심니'를 하곤 했다. 올게심니란 그해 경작한 벼, 수수, 조, 옥수수 등의 곡식 중에서 가장 실하고 가장 잘 익은 것을 가려 뽑아다가 다발을 만들어 기둥이나 방문 위에 걸어 놓는 풍습이다.

올게심니에는 이처럼 잘 익은 곡식 다발을 내년에도 넉넉하게 수확할 수 있기를 기원하는 마음이 듬뿍 담겨 있다. 그래서 올게심니한 곡식은 아무리 어려워도 함부로 먹지 않았고, 다음 해 봄에 종자로 심거나 다음 추석에 새로 올게심니를 할 때가 되어서야 기원하는 마음을 담아 떡으로 만들어 먹었다고 한다.

햇곡식으로 올게심니를 하고 나면 햇곡식으로 밥을 짓고 송편을 빚어 차례상에 올렸다. 특히 추석 때 빚는 송편은 햅쌀로 만들

올게심니. 다음 해에도 풍년이 들기를 기원하는 의식으로 지방마다 방식은 조금씩 다르다.

었다 하여 오려송편*이라 불렸는데, 햅쌀가루를 익반죽*하여 그해에 수확한 콩, 동부, 깨, 밤, 대추 등으로 소를 넣어서 만들었다. 아가씨들이나 새색시들은 송편을 예쁘게 빚어야 이다음에 예쁜 아이를 낳는다고 하여 묘한 경쟁을 하기도 했다. 송편 옆으로는 토란과 쇠고기, 다시마를 넣어 끓인 토란국과 보기에도 먹음직스러운 화양적과 누름적*이 자리를 차지했고, 여유가 있는 집에서는 통통하게 살진 닭으로 만든 닭찜과 귀한 송이로 끓인 전골을 올리기도 했다. 그 어느 때보다 풍성하고 화려한 차례상이었지만 추석 차례상에서 가장 빛나는 자태를 자랑하는 것은 갓 수확한 탐스러운 햇과일이었다.

오려 올벼의 다른 말로, 올해 갓 수확한 벼를 뜻한다.

익반죽 곡식 가루에 뜨거운 물을 부어 반죽하는 것이다. 밀가루의 경우 점성을 가지는 단백질인 글루텐이 만들어지므로 찬물에 반죽해도 반죽이 잘된다. 하지만 쌀이나 메밀가루의 경우 글루텐이 없기 때문에 뜨거운 물을 부어 곡식 속에 든 전분을 익혀서 호화시켜야만 점성이 생긴다. 그래야 비로소 떡을 빚을 수 있기 때문에 반드시 익반죽을 해야 한다.

화양적 햇버섯, 도라지, 쇠고기를 양념하여 볶은 뒤 먹기 좋게 꼬챙이에 끼운 음식이다.

누름적 화양적과 동일한 재료에 밀가루와 달걀을 묻혀 지진 것을 말한다.

토마토는 과일일까, 채소일까?

곡식을 제외하고 사람이 먹는 식물성 음식은 채소와 과일이 대표적이다. 그런데 이 분류가 재미있다. 식물학적 관점에서 '과일'은 '꽃의 씨방으로부터 발달하고 그 식물의 씨앗을 에워싸는 기관'으로 정의된다. 이 정의에 따르면 사과, 배, 복숭아와 같이 우리가 흔히 알고 있는 과일 외에도 가지나 오이 역시 과일의 범주에 속하지만 대개 이들은 과일이 아닌 채소로 분류된다. 일상에서 통용되는 과일과 채소의 기준은 식물학자의 관점이 아니라 요리사의 관점으로 정의되기 때문이다. 이에 대해서는 흥미로운 일화

토마토 꽃과 열매. 토마토는 우리말로 '일년감'이라고도 한다. 과일과 채소의 두 가지 특성을 모두 갖추고 있으며 비타민과 무기질이 풍부하다. 특히 비타민 C의 경우 토마토 한 개에 성인 하루 섭취 권장량의 절반가량이 들었을 정도로 풍부하다.

가 있다.

1890년대 미국 뉴욕의 한 식품 수입업자가 토마토의 수입세 문제로 법원에 문제를 제기한 적이 있었다. 당시 미국의 식품법상 채소에는 수입세가 부과되지만, 과일에는 수입세가 면제되었다. 그래서 그는 식물학적 정의에 따라 토마토는 과일이므로 수입세를 면제해 달라고 요청한 것이다. 하지만 대법원에서는 "토마토는 일반적으로 요리의 일부분으로써 식사와 함께 제공되며 과일처럼 디저트로 제공되지 않는다."는 이유로 토마토를 채소로 판결하였다. 결국 수입업자는 수입세와 더불어 비싼 재판 비용까지 물어야 했다고 한다.

이런 판결이 나올 정도로 일상에서 채소와 과일을 가르는 기준은 일반적으로 메인 요리와 함께 제공되느냐, 디저트로 제공되느냐로 나뉜다. 식사 도중에 제공되면 채소, 마지막에 제공되면 과일로 분류하는 것이다. 과일이 주로 디저트로 제공되는 이유는 그것이 대개 단맛을 지니고 있기 때문이다. 일반적으로 식물은 광합성의 결과로 만들어 낸 포도당을 길게 이어 붙여 별다른 맛을 내지 않는 전분의 형태로 저장한다. 과일 역시 풋과일 상태에서는 전분을 가지고 있지만, 점점 익어 갈수록 전분을 다시 분해해 달콤한 맛을 지닌 당으로 환원시킨다.

많은 식물은 이와 동시에 세포 내 저장 창고인 액포에 구연산, 사과산, 옥살산 등 유기산(有機酸)의 함유량도 증가시킨다. 그 종류에 따라 조금씩 다르기는 하지만 과일에 함유된 유기산은 화학적 방어 물질인 동시에 과일이 지닌 단맛을 좀 더 강조하는 역할을 한다. 단순히 달기만 할 때보다 새콤달콤한 경우가 더욱 단맛을 강하게 느끼기 때문이다. 즉, 과일은 익어 가면서 동물이 더욱 달게 느끼도록 그래서 더욱 먹음직스럽게 느끼도록 변화하는 것이다. 왜 이런 일이 일어나는 것일까?

피하거나 유혹하거나

생태계 구조상 식물은 동물의 먹이가 된다. 움직일 수 없는 식물은 동물의 탐식으로부터 벗어나고 스스로를 보존하기 위해 다양한 화학물질을 축적하는 방향으로 진화되어 왔다. 단순히 쓴맛이 나는 물질처럼 약한 것에서부터 섭취한 동물을 죽음에 이르도록 만드는 강렬한 독까지, 식물이 만들어 내는 알칼로이드는 매우 다양하다. 하지만 과일은 다르다. 식욕을 불러일으키는 향기와 입맛을 돋우는 새콤달콤한 맛, 수분을 충분히 함유한 과즙과 질기거나 딱딱하지 않아 씹기에 적당한 식감까지 모든 것이 '먹히기 위해 만들어졌다'고 볼 수밖에 없는 부위가 바로 과일이다. 도대체 왜 식물은 스스로를 동물에게 먹이로 바치기 위해 이토록 애를 쓴 것일까?

식물에게 있어 동물은 자신을 먹어 치우는 포식자로, 가능하면 피해야 할 대상이다. 하지만 그렇다고 동물을 완전히 배제할 수 없다는 딜레마를 가지고 있기 때문에 이런 이율배반적인 행태를 보이는 것이다. 이동성이 없는 식물에게 동물은 때로 씨앗의 전파를 위해서 꼭 필요한 운반자 역할을 하곤 한다. 특정 식물의 씨앗들이 원래 있던 자리에 떨어지게 되면 토양 속 양분을 놓고 자기들끼리 경쟁해야 할 뿐 아니라, 이미 짙은 그늘을 드리우고 있는 어미 식물의 그늘 아래에서 햇빛도 제대로 받기 어렵다. 따라서 식물은 씨앗들을 가능한 모체로부터 멀리 그리고 널리 퍼뜨리기 위해 다양한 전략을 진화시켜 왔다.

봉숭아처럼 씨앗 주머니를 터뜨려 그 폭발력을 이용하는 방법, 민들레나 단풍나무처럼 씨앗에 솜털이나 날개를 달아 바람의 힘으로 멀리 퍼뜨리는 방법, 도꼬마리처럼 동물 털에 달라붙어 이동하는 방법 외에 가장 흔히 쓰이는 방법은 맛있는 열매, 즉 과일로 동물을 유혹하는 것이다. 과일은 처음부터 동물에게 먹히기 위해 식물이 만들어 낸 미끼이다. 과일을 의미하는 영어 단어 'fruit'의 어원이 감사와 쾌락, 즐거움을 의미하는 라틴 어 'fructus'에서 유래된 것은 인간조차 식물이 보내는 유혹의 메시지에 오랫동안 빠져 왔음을 알려 준다.

좀 더 구체적으로 살펴보자. 식물은 번식에 필요한 씨앗을 매우 단단하고 치밀하게 만들어 동물에게 먹혀도 소화되지 않도록 한다. 그리고 그 둘레를 맛 좋고 향기로운 과육으로 둘러싼 열매, 즉 과일을 만든다. 이렇게 준비된 향기와 맛에 이끌린 동물이 과육과 씨앗을 모두 먹어 치우면 소화되지 않는 씨앗 부위는 그대로 소화기관을 통과하여 동물의 배설물과 함께 원래 있던 장소가 아닌 다른 곳에 떨어지게 된다.

심지어 어떤 식물의 종자는 껍질이 너무 질기고 단단해 동물의 소화기관을 통과해서 적절히 제거되어야만 발아되는 것들도 있다. 동물을 이용해 어미 식물로부터 멀리 떨어지는 데 성공한 씨앗은 이제 발아하여 자란다. 이때 동물의 배설물은 식물로부터 받은 즐거움에 보답하는 의미에서 동물이 어린 새싹에게 주는 선물, 즉 거름이 된다.

도꼬마리 씨앗. 도꼬마리는 국화과의 한해살이풀로 우리 조상들은 두통, 치통, 감기 등을 치료하기 위한 약재로 활용했다. 도꼬마리 씨앗은 갈고리 모양처럼 생겼는데 동물의 털에 달라붙게 되어 있다. 1941년 스위스의 전기 기술자 게오르그 드 메스트랄은 도꼬마리 씨앗을 보고 벨크로 개발의 힌트를 얻었다.

초록색과 빨간색의 비밀

　주로 잎이나 줄기 부분을 먹는 채소의 경우, 갓 나온 새순이나 어린잎은 먹을 수 있지만 오래된 가지나 다 자란 잎은 너무 딱딱하거나 질겨서 먹기 어렵다. 도저히 먹거리로 보이지 않는 대나무조차도 갓 솟아오른 죽순은 부드러워서 먹을 수 있는 것처럼 말이다. 하지만 과일은 다르다. 과일은 충분히 자라야 맛있다. 풋과일은 향기도, 맛도, 식감도, 색깔조차도 어느 하나 맛있어 보이지 않으며 실제로도 시거나 떫거나 비리다. 과일은 성숙해야 먹기 좋아지는데 이 과정에서 과일은 매우 많은 변화를 겪는다. 그중 가장 눈에 띄는 것은 색깔의 변화다.

　대개 과일은 처음 만들어졌을 때 녹색을 띤다. 식물의 가장 기본 색소인 엽록소를 지니고 있기 때문이다. 하지만 점점 성숙할수록 녹색 대신 노란색, 주황색, 분홍색, 빨간색, 보라색 등으로 변한다. 대부분의 과일은 색만 봐도 익었는지 아닌지 알 수 있다. 그런데 흥미로운 사실은 이렇게 색만으로 과일의 성숙 정도를 알 수 있는 것은 사람이기 때문에 가능하다는 것이다. 인간을 비롯한 영장류는 포유동물 중 가장 다양한 색을 구별할 수 있는 동물이며 특히 초록색과 붉은색을 구별할 줄 아는 몇 안 되는 생물에 속한다.

　인류학자들은 인간이 색을 구별할 줄 아는 능력을 지니게 된 것은 먼 옛날, 인류의 선조가 과일을 주식으로 하던 '나무 위 유인원'이었기 때문이라고 추정하고 있다. 그들은 나무 위에 보금자리를 만들고 과일을 주식으로 삼아 살아갔다. 인류의 소화기관은 베타 포도당으로 이루어진 섬유질을 소화시키지 못하기 때문에 그들이 선호하는 먹이는 알파 포도당으로 구성된, 전분이 풍부한 뿌리나 당분이 풍부하게 든 과일이었을 것이다. 그런데 대부분의 과일은 충분히 익기 전에는 맛이 없을 뿐 아니라 심지어 독성 성분이 들어 있어 식중독을 일으키기도 한다. 따라서 과일은 먹기 전에 잘 익었는지를 확인하는 과정이 매우 중요하다.

대부분의 동물은 후각이 발달되었기 때문에 과일에서 풍기는 냄새만으로도 멀리 떨어진 곳에 열린 과일을 잘도 찾아내지만, 인간의 경우 후각이 무딘 편이라 냄새만으로는 겨우 수십 미터 떨어진 곳에 있는 과일도 찾아내기 어렵다. 대신 인간은 발달된 시각을 가지고 있어서 이를 이용해 먹기 좋은 과일을 찾아내는 방법을 터득했다. 그것은 색깔을 보는 것이다. 대부분의 과일은 처음 씨방이 부풀어 오르는 시기에는 초록색이었다가 점차 익기 시작하면 노란색이나 붉은색으로 변한다는 사실을 깨달은 것이다.

실제로 과일은 성숙되는 과정에서 노란색을 띠는 카로티노이드나 붉은색을 띠는 안토시아닌의 함유량이 높아져 색이 변화한다. 다행히도 인간의 눈은 초록색과 노란색, 붉은색을 구별하는 것이 가능하다. 인간의 망막에 존재하는 시각세포는 명암을 구별하

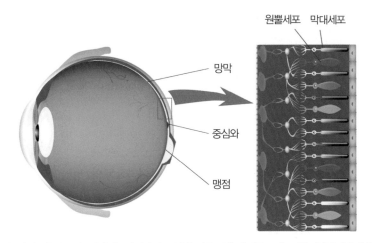

원뿔세포   막대세포

망막

중심와

맹점

안구의 안쪽을 덮고 있는 망막에는 몇 개의 세포가 층을 이루고 있는데 빛을 느끼는 것은 망막의 가장 바깥쪽에 위치한 시각세포이다. 그리고 막대세포와 원뿔세포의 역할로 명암과 색을 구별할 수 있다.

는 막대세포와 색상을 구별하는 원뿔세포, 두 종류로 이루어져 있는데 원뿔세포는 가시광선의 미묘한 차이를 인식해 색을 구별할 수 있다. 이 능력 덕분에 인간은 수백 미터 떨어진 곳에서도 노랗고 붉은 색깔을 구별해 잘 익은 과일을 찾아내는 것이 가능했고, 이것이 초기 인류의 생존에 중요한 역할을 했을 것으로 추정된다.

에틸렌, 과일을 성숙시키다

잘 익은 과일은 풋과일과는 다른 무엇이 된다. 그렇다면 과일은 어떻게 자신이 익어야 하는 시점을 아는 것일까? 그 비밀의 열

쇠는 식물호르몬의 일종인 에틸렌(ethylene)이 가지고 있다.

호르몬(hormone)이란 말은 그리스 어로 '자극하다', '흥분시키다', '각성시키다'라는 뜻을 지닌 단어 'hormao'에서 유래된 말로, 생물체 내의 어떤 부분에서 합성되어 다른 부분으로 이동하여 생리적 작용을 이끌어 내는 유기화합물을 말한다. 식물도 생명체이므로 동물처럼 호르몬을 분비한다. 식물의 성장을 촉진하는 성장호르몬인 옥신(auxin)과 지베렐린(gibberellin), 식물의 분화를 촉진하는 시토키닌(cytokinin), 꽃눈을 형성하는 플로리겐(florigen), 식물의 성숙을 유도하는 에틸렌 등이 대표적인 식물호르몬이다. 이들 중 열매의 성숙은 주로 에틸렌에 의해 유도된다.

대부분의 현대인에게 있어 과일이란 나뭇가지에서 따는 것이 아니라 상점의 가판대에서 구입하는 것이다. 가판대 위에는 가지각색의 과일이 저마다 맛있는 향과 색을 뽐낸다. 그런데 가판대에 놓인 과일의 원산지를 살펴보면 가까운 곳에서 생산된 과일도 있지만 필리핀산 바나나, 태국산 파인애플, 미국산 오렌지, 칠레산 포도, 뉴질랜드산 키위처럼 먼 나라에서 수입된 과일도 적지 않다. 과일은 쉽게 상하는 식재료 중 하나다. 고기처럼 냉동해서 보관할 수도 없기 때문에 유통기간은 더욱 짧다. 그런데 어떻게 이 과일들은 그 먼 거리를 이동하면서 신선함을 유지할 수 있는 것일까?

일단 먼 거리를 이동해야 하는 과일은 우리가 가판대에서 접하는 상태가 아니라 그보다 훨씬 이전, 아직 채 익지 않은 상태에서 수확된다. 하지만 익기 전의 열매를 딴다고 해서 모든 문제가 해결되는 것은 아니다. 과일은 가지에서 떨어진 이후에도 계속해서 호흡 작용을 하는데 이를 통해 과일은 스스로 이산화탄소와 물 그리고 열을 발생시킨다. 증가된 수분과 온도는 미생물과 효소의 작용을 가속화시켜 시간이 지나면 역시 썩거나 곰팡이가 피게 된다. 채 익지도 않은 상태라도 말이다.

또한 과일 스스로가 발생하는 에틸렌은 과일을 물러지게 만들기도 한다. 따라서 과일을 신선한 채로 운반하기 위해서는 세심한 주의가 필요한데 그 방법 중 하나는 저온 상태로 과일을 보관하는 것이다. 온도를 낮춰 주면 호흡 활동이 느려지고 에틸렌 발생이 줄어들어 신선한 상태가 더 오래 지속되기 때문이다.

$$C_6H_{12}O_6(\text{포도당}) + 6O_2(\text{산소}) \rightarrow 6CO_2(\text{이산화탄소}) + 6H_2O(\text{수분}) + 647\text{kcal}(\text{열})$$

두 번째 방법은 과일의 주변에 존재하는 기체의 양을 조절해 신선도를 유지시키는 것이다. 특히 과일은 'CA 저장법'을 많이 이용한다. CA 저장법이란 'Controlled Atmosphere'의 약자로 기체 성분을 조절하는 저장법을 말한다. 식품을 그대로 놓아두면 자신이 가진 영양소를 소비하여 산소를 흡수하고 이산화탄소를 방출하는 호흡 과정이 일어난다. 식품을 상하게 하는 미생물 중 대부분도 산소를 필요로 하는 호기성 세균이다. 따라서 산소의 비중을 낮추고 이산화탄소의 비중을 높이면 식품의 자체적 호흡 작용을 억제하고 미생물의 생장도 방해할 수 있어 식품의 보존 기간이 길어진다. 즉, 저(低)산소 고(高)이산화탄소 환경을 만들어 주는 것이다.

일반적으로 대기 중에는 약 21%의 산소와 0.03%의 이산화탄소가 존재한다. 그런데 이 비율을 산소는 1~5%대로 낮추고 이산화탄소는 5%대로 높이면 호흡 작용과 미생물 활성이 억제되어 신선도가 오래 유지된다. 주의해야 할 것은 저산소 상태가 신선도 유지에 도움이 되는 것은 사실이나 그렇다고 산소의 비율을 지나치게 낮게 만들면 안 된다는 것이다. 무(無) 산소 상태에 가까워지면 산소를 싫어하는 혐기성(嫌氣性, 산소가 없는 환경에서 생육하고 번식하는 성질) 세균의 활동이 활발해지기 때문이다. 역시 중요한 것은 정확한 균형점을 찾아 유지하는 것이다.

대표적인 것이 효모다. 전통적으로 포도주를 만들 때 잘 으깬 포도를 나무통 속에 넣고 밀봉하여 산소를 차단한다. 알코올을 발효하는 효모를 깨우기 위해서다. 따라서 지나치게 산소량이 낮아지면 과일이 신선한 상태로 유지되는 것이 아니라 오히려 효모가 신나게 번식해 잘 숙성된 과일주가 만들어질 수도 있다. 그래서 산소와 이산화탄소의 적절한 균형을 유지하는 것이 매우 중요하다.

셋째, 과일이 상처를 입거나 충격을 받지 않도록 충격 방지용 포장을 하는 것도 중요하다. 과일을 떨어뜨리거나 표면에 상처가 나면 과일은 이를 위기 상황으로 감지하고 조금이라도 빨리 성숙하여 씨앗을 퍼뜨리고자 에틸렌을 분비하기 때문이다. 귤이 덜 익어서 신맛이 강한 경우, 이 귤을 조물조물 주무르거나 저글링을 하는 것처럼 던졌다 받았다 한 뒤에 일정 시간 후 먹으면 신맛이 훨씬 덜해지는 것도 이 때문이다. 손안에서 던져지고 굴려지는 동안 물리적 충격을 받은 귤이 에틸렌을 분비해 성숙을 가속화시켰기 때문이다. 따라서 과일을 신선한 상태로 유지하기 위해서는 충격을 받지 않도록 조심스레 운반하고 충격흡수제를 이용해 포장해야 한다. 또한 여기에 과망가니즈산칼륨이나 활성탄 등 에틸렌을 흡수하는 성질을 가진 물질을 함께 넣어 두면 더 좋다.

이렇게 다양한 방법을 통해 원산지에서 시장까지 운반되고 나면 종종 또 다른 문제가 생기곤 한다. 그건 덜 익은 과일을 너무 세심하게 신경 써서 운반하느라 정작 팔릴 때가 되어서도 익지 않는 것이다. 이런 경우에도 에틸렌이 구세주가 된다. 에틸렌은 과일의 성숙을 촉진하는 힘이 있기 때문에 덜 익은 과일에 에틸렌을

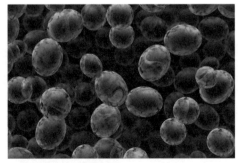

대표적인 혐기성 미생물인 효모.

처리하면 과일이 익는 속도가 빨라진다.

18~25℃의 온도와 90~95%의 높은 습도를 유지한 상태에서 10~100ppm 농도의 에틸렌을 24~72시간 동안 처리하면 과일의 성숙이 촉진된다. 다만 에틸렌에 노출되는 시간이 너무 길면 과일의 성숙도가 지나쳐서 문드러질 수 있기 때문에 일정 시간 후에 에틸렌은 다시 제거해 주어야 한다. 또한 과일에 따라 에틸렌의 민감도가 다르고 스스로 에틸렌을 발생시키는 양이 많은 과일이 있으니 과일의 특성에 따라 적절하게 조절해야 한다. 이처럼 까다로운 과정을 거쳐야 우리가 가판대에서 보는 알맞게 익은 상태가 될 수 있다.

에틸렌의 민감도	과일과 채소
매우 민감	키위, 감, 자두, 수박, 오이
민감	배, 살구, 무화과, 대추, 멜론, 가지, 애호박, 토마토, 당근
보통	사과, 복숭아, 귤, 오렌지, 포도, 고추
둔감	앵두, 피망

에틸렌 발생이 많은 작물	에틸렌 피해가 쉽게 발생하는 작물
사과, 살구, 멜론, 참외, 무화과, 복숭아, 감, 자두, 토마토, 모과, 잘 익은 바나나	오이, 수박, 상추, 당근, 고구마, 마늘, 양파, 시금치, 고추, 꽃양배추, 상추, 덜 익은 바나나, 완두

에틸렌에 민감한 작물은 에틸렌 발생이 높은 작물과 같이 보관하는 것을 피해야 오래 보존할 수 있으며, 반대로 덜 익어 떫은 감은 에틸렌 발생이 많은 사과와 같이 넣어 두면 빨리 익으므로 적절히 이용할 수도 있다.

과일을 익게 만드는 요인인 에틸렌은 석유화학공업 분야와 합성유기화학공업 분야에서 가장 기본적이면서도 무척 중요한 물질이다. 그리하여 에틸렌의 생산량이나 사용량은 화학공업의 규모를 나타내는 척도로 활용되고 있다.

　현대인들은 이러한 공정들을 개발하여 수천 km 떨어진 먼 나라에서 생산된 과일을 내 집에서 편안히 앉아 먹을 수 있게 되었다. 그리고 다양한 영농 기술의 발전으로 인해 사시사철 원하는 때에 원하는 과일을 골라 먹을 수 있는 시대에 살고 있다. 그래서 햇과일의 중요성이 크게 와 닿지 않을 수도 있다. 하지만 전통 사회에서 과일이란 특정한 시기, 특정한 장소에서 생산되는 종류만 먹을 수 있었기에 잘 익은 과일이 주는 의미는 컸다. 가끔씩은 제철의 햇과일이 주는 신선함과 풍성함을 느껴 보는 것은 어떨까?

바나나 아이스크림
초간단 아이스크림

바나나에 나무젓가락만 꽂으면 끝!

준비물 바나나, 나무젓가락

요리방법

1. 껍질을 벗긴 바나나의 긴 쪽에 나무젓가락을 꽂습니다.

2. 바나나끼리 서로 달라붙지 않도록 하나씩 랩으로 감싸서 냉장고에 넣어 얼립니다.

3. 바나나 아이스크림 완성!

레몬차
상큼하게 즐기는 레몬의 향

상큼한 레몬~

준비물 레몬, 설탕

요리방법

1. 레몬은 베이킹소다를 뿌려 껍질 구석구석까지 깨끗하게 잘 닦은 뒤 얇게 썹니다.

2. 깨끗이 씻고 뜨거운 물을 한 번 부어 소독한 유리병에 얇게 썬 레몬과 설탕을 2:1의 비율로 넣습니다.

3. 냉장고에 넣어 하룻밤 동안 숙성시킵니다. 이렇게 숙성된 레몬설탕절임에 뜨거운 물을 부으면 향기로운 레몬차가 됩니다. 여름에는 찬물을 부어 냉장고에 넣어 두면 언제든 맛있는 레몬수를 마실 수 있지요.

복숭아잼

어느 간식과도 어울리는 새콤달콤한 파트너

새콤달콤!

준비물 복숭아, 설탕, 비트

요리방법

1. 깨끗이 씻은 복숭아의 껍질을 벗기고 과육만 발라냅니다. 과육이 덩어리지지 않도록 믹서로 갈면 더 먹기 좋아요.

2. 복숭아와 설탕을 2:1의 비율로 냄비에 담고 천천히 졸여 잼을 만듭니다. 복숭아 잼은 황토색이라 그다지 먹음직스러워 보이지 않을 수도 있습니다. 비트(beet)를 잘게 썰어 넣어 같이 졸이면 먹음직스러운 색을 내는 데 좋습니다. 비트는 한 덩이를 구입해 잘게 썬 뒤 냉동실에 보관하면 두고두고 활용할 수 있어요.

3. 완성된 복숭아잼을 소독한 유리병에 담아 냉장고에 넣어 두면 완성입니다!

토마토달걀볶음

볶음으로 어우러지는 토마토와 달걀의 환상 궁합

칼로리 걱정은 NO~

준비물 토마토, 달걀, 목이버섯

요리방법

1. 프라이팬에 잘 푼 달걀을 붓고 스크램블드에그를 만든 뒤 따로 담아 둡니다.

2. 프라이팬에 먹기 좋은 크기로 자른 토마토와 물에 불려 둔 목이버섯을 넣고 볶습니다. 소금이나 참치액젓, 가다랑어 간장으로 간을 합니다.

3. 토마토에서 즙이 나오기 시작하면 스크램블드에그를 넣고 볶아서 마무리. 그냥 먹어도 좋지만 샐러드에 얹어 먹으면 더 좋아요!

10월: 중양절과 국화주

변신에 변신을 거듭하는
술의 비밀

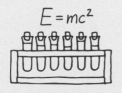

양기가 가득한 가을의 끝자락

하늘은 새파랗게 높고 바람은 시원하게 부는 가을날, 어디론가 훌쩍 떠나고픈 마음이 들게 하는 날이다. 그런 마음은 사람들 사이에 전염이라도 되는지 오늘은 온 동리 사람들이 아침부터 나들이 준비로 분주하다. 삼삼오오 짝을 지은 사람들은 약속이라도 한 듯 등에는 술병과 보따리를 둘러메고 허리춤엔 붉은 주머니를 매달고 길을 나섰다. 그들의 발길이 향하는 곳은 동리마다 하나씩 있는 산등성이었다. 한동안 좁다랗고 가파른 산길을 따라 올라가다 보니 어느새 동네가 훤히 내려다보였다.

사람들은 그제야 짐을 내려놓고 선선한 가을바람에 땀을 식혔다. 성미 급한 누군가는 자리를 잡기도 전에 보따리부터 풀고 술병을 기울이기 시작했다. 어느새 볕 좋은 언덕배기에 자리를 깔고 앉은 사람들은 샛노란 국화꽃잎으로 수놓은 고소하고 쌉싸름한 국화전을 안주 삼아 노오란 국화주를 들이켜고 있었다. 유독 파랗고 높은 가을 하늘을 배경 삼아 그윽한 향이 코끝을 간질이는 국화주를 들이켜자 가을을 통째로 얻은 듯한 만족감이 감돌았다.

예부터 우리 조상들은 달과 날에 홀수가 겹치는 날을 좋아했다. 양(陽)의 수인 홀수가 겹치는 날은 양의 기운이 성하므로 매우 길한 날이라 여겼기 때문이다. 홀수 중 가장 큰 수인 9가 겹치는 날인 9월 9일도 예외는 아니었다. 그래서 9월 9일은 중구(重九) 혹은 중양절(重陽節)이라 하여 길한 날로 여겼고, 특히나 중양절에는 등고(登高)라 하여 수유 열매를 담은 붉은 주머니를 차고 높은 산에 올라 국화전과 함께 국화주를 나누는 풍습이 있었다.

이 등고 풍습의 기원은 중국 동한 시대로 거슬러 올라간다. 하

가을에 국화꽃을 따서 깨끗이 씻은 후 물기를 완전히 말린 다음 용기에 소주를 부어 30일이 지나면 국화주가 완성된다.

루는 비장방(費長房)이라는 도인(道人)이 항경(恒景)에게 "자네 집은 9월 9일에 큰 난리를 만나게 될 터이니 집으로 돌아가 집안 사람들과 함께 수유(茱萸)*를 담은 주머니를 차고 높은 산에 올라가 국화주를 마시면 재난을 면할 수 있네."라고 귀띔했다. 항경은 이를 받들어 가족을 모두 데리고 산에 올라갔다가(등고, 登高) 집에 돌아왔는데 그 사이 실제로 난리가 나서 집에서 키우던 가축이 모두 죽어 있었다고 한다. 이날 이후 세간에서는 중양절이면 삿된 기운을 없애고 복을 빌기 위해 붉은 수유를 붉은 주머니에 담아 몸에 지니고 높은 산에 올라 향기로운 국화주를 즐기는 등고 풍속이 생겨났다고 한다.

중양절에 높은 산에 오르는 것은 양(陽)이 겹치는 날에 양기(陽氣)의 근원인 태양에 한 발짝이라도 가까이 다가가 삿된 기운을 떨쳐 버리고 다가올 혹독한 겨울을 무사히 이겨 내기를 기원하는 마음에서였다. 산에서 나눠 마시는 국화주는 그러한 간절한 마음을 담은 염원주였다.

그윽한 가을 향취에 젖다

대개 명절은 나름의 독특한 먹거리를 품고 있다. 설날과 떡국,

추석과 송편의 예에서도 알 수 있듯이 두 단어가 처음부터 하나의 의미를 가진 것처럼 느껴질 정도로 명절과 절식(節食)은 불가분의 관계에 있다. 지금처럼 계절과 상관없이 식재료를 구할 수 있던 시절이 아니었을 때, 일정 시기에만 맛볼 수 있는 먹거리를 이용해 제철 음식을 만들어 먹는 것은 무엇보다 큰 즐거움이었다.

그런데 절식의 목록을 살피다 보면 약방의 감초처럼 사시사철 어떤 명절에도 빠지지 않는 이름이 하나 있다. 심지어 이것은 명절뿐 아니라 흥겨운 잔칫집과 눈물겨운 상가(喪家)를 두루 가리지 않았고, 지존(至尊)이 기거하는 왕궁에서부터 필부(匹夫)들이 모여 사는 시골 마을까지 두루 차별하지 않고 늘 절식의 옆자리를 차지했다. 모든 종류의 행사에서 빠질 수 없는 주인공은 바로 '술'이다.

미생물의 비효율성이 인류에게 준 선물

술은 인간과 희로애락(喜怒哀樂)을 나누는 친구였으며, 관혼상제(冠婚喪祭)의 격을 높이는 중요한 소품이었다. 그렇기에 명절 때마다 그 이름과 모양새는 바뀌어도 술은 항상 상 위에 빠지지 않고 놓였다. 설날에는 도소주를, 정월 대보름에는 귀밝이술*을 마셨고, 삼짇날엔 두견주*, 단오에는 창포주*, 중양절에는 국화주로 계절을 만끽했다. 뿐만 아니라 남녀는 하나의 표주박에 담긴 합환주(合歡酒)를 나눠 마시며 평생 해로할 것을 맹세했고, 아무리 간소한 제사상 위에도 술은 항상 놓여서 망자를 위로했다. 그렇다면 인류는 언제부터 술을 마셨을까?

술의 역사는 매우 길다. 술은 자연적으로도 만들어지기 때문이다. 인간이 일부러 손을 쓰지 않더라도 당분이 많은 식품에 알코올 발효를 일으키는 효모나 기타 다른 미생물이 유입되면, 이들이 당(糖)을 분해하여 알코올, 정확히 이야기하자면 에탄올을 만들어 낸다. 포도처럼 당이 많은 과일, 자당이 듬뿍 든 벌꿀, 유당이 포함된 동물의 젖에 효모가 들어가면 알코올 발효가 일어난다. 효모는 포도당 한 분자를 분해하여 에탄올과 이산화탄소 그리고 ATP(adenosine triphosphate, 아데노신삼인산)*를 각각 2분자씩 만들어 낸다.

효모의 알코올 발효 과정 : $C_6H_{12}O_6 \rightarrow 2C_2H_5OH + 2CO_2 + 2ATP$

사람의 세포 내 호흡 과정 : $C_6H_{12}O_6 + 6O_2 \rightarrow 6H_2O + 6CO_2 + 36ATP$

사실 효모가 이런 과정을 통해 알코올을 만들어 내기는 하지만 효모에게 있어 알코올은 목적이 아니라 원치 않던 부산물에 불과하다. 사실 효모가 포도당을 분해하는 것은 ATP를 얻기 위해서다. ATP는 일종의 생물학적 화폐라 할 수 있는데 생물체는 다양한 방법으로 섭취한 유기물을 호흡을 통해 분해하고 이때 발생되는 에너지를 ATP의 형태로 저장한다. 생물체를 구성하는 세포들은 에너지원으로 ATP만을 사용할 수 있기 때문이다. 즉, 알코올이란 효모가 에너지원인 ATP를 얻기 위해 포도당을 분해하는 과정에서 의도치 않게 만들어지는 부산물이다.

사람도 역시 마찬가지의 방법을 통해 포도당을 분해하여 ATP를 만들고 이를 사용하여 살아간다. 효모든 사람이든 모두 포도당을 분해해 ATP를 얻어 살아가는 것은 동일하지만 그 수율은 매우 큰 차이를 보인다. 하나의 포도당 분자를 분해해 효모가 얻는 것은 겨우 2개의 ATP뿐이지만, 사람의 경우 같은 재료를 가지고 36개의 ATP를 얻는다. ATP의 양으로만 본다면 사람이 효모에 비해 무려 18배나 효율이 높은 셈이다.

이 차이는 산소의 유무에서 온다. 산소는 포도당을 좀 더 작은 단위로 완벽하게 분해되도록 돕기 때문에 산소를 이용해 포도당을 분해하는 인간의 세포는 포도당이 가지고 있는 에너지를 더 많이 뽑아낼 수 있다. 하지만 산소의 도움을 받지 못하는 효모의 경우는 포도당을 완벽하게 분해하지 못한다. 얻는 ATP의 양도 적고, 포도당을 완벽하게 분해하지도 못한다. 그래서 최종 분해 산물로 이산화탄소와 물이 아니라 비교적 덩치가 큰 에탄올을 남기는 것이다. 하지만 아이러니하게도 효모의 비효율적인 포도당 분해로 인해 인간은 오히려 에탄올이라는 선물을 얻는다. 만약 효모가 인간 세포처럼 포도당을 완벽하게 분해하는 방법을 진화시켰다면 인간의 역사에서 술이란 항목은 빠졌을 것이다.

미인의 입술에서 시작된 술

그렇다면 인간은 언제부터 술을 마시기 시작했을까? 정확한 기원은 알 수 없지만 알코올 발효가 자연적으로 일어나는 현상이라는 점을 감안한다면 술의 역사는 기원전 5,000년 이상으로 거슬러 올라간다. 실제로 고대 문헌에서 술에 대한 언급을 찾는 것은 어려운 일이 아니다. 농익은 과일이 떨어지면 대부분은 부패하지만 가끔 효모처럼 알코올 발효를 일으키는 미생물과 만나는 경우 발효되어 자연적으로 술이 만들어진다.

알코올의 발효가 효모에 의한 것임을 최초로 밝힌 루이스 파스퇴르(Louis Pasteur, 1822~1895).

알코올은 휘발성이 강해 특유의 냄새를 풍길 뿐 아니라 휘발되는 과정에서 다양한 냄새 성분과 같이 공기 중으로 퍼져 나가기 때문에 술에서는 항상 특이한 향기가 난다. 이렇게 자연적으로 만들어진 과실주의 향기에 이끌려 처음 이를 먹어 본 고대인들은 이후 술의 향과 맛 그리고 취하는 느낌이 주는 매혹에 이끌려 점차 인공적으로 술을 만드는 방법을 알아냈을 것으로 추측된다.

그래서 술의 역사에서도 가장 먼저 등장하는 것은 과실주, 그중에서도 포도주다. 포도는 당분이 많고 껍질에 효모균이 붙어 자라는 경우가 많아 가장 쉽게 알코올 발효가 일어나는 과실이다. 과실주에 맛을 들인 수렵 시대 사람들은 곧 벌꿀을 이용한 꿀술과 동물의 젖을 이용한 젖술을 만드는 방법을 찾아냈고, 농경 시대에 들어서서는 쌀과 보리 등의 곡식을 이용해 곡주를 빚는 방법까지 알아냈다.

사실 과일이나 벌꿀, 젖에는 당 성분이 들어 있기 때문에 효모균의 번식을 유도하면 쉽게 알코올 발효가 일어나지만 곡식은 좀 더 복잡하다. 곡식에 들어 있는 당은 효모가 바로 분해할 수 있는 단당류가 아니라 전분 형태의 다당류이기 때문이다. 따라서 곡주는 녹말을 당화(糖化)시키는 과정을 거쳐야 비로소 술을 빚을 수 있다.

가장 원시적인 당화법은 침을 이용하는 것이다. 사람의 침 속에는 아밀라아제라는 효소가 들어 있는데 이는 전분을 포도당으로 분해하는 역할을 한다. 쌀이나 보리로 지은 밥을 입 안에 넣고 씹다가 단맛이 돌면 항아리에 뱉어서 술을 담그는 구작주(口嚼酒)는 원시적 형태의 곡주 제조법이었다. 그래서 예전에는 술을 담글 철이 오면 마을에서 가장 예쁘고 참한 아가씨들에게 밥을 씹어 항아리에 넣고 술을 만들게 했다고 한다.

더럽다고? 하지만 여기서 중요한 것은 침이 아니라 전분을 당화시킬 수 있는 존재였다. 점차 인간의 침을 대신해 곡주 제조의 주원료로 자리 잡은 것은 누룩이었다. 우리나라의 전통주들도 대부분 누룩을 이용해 곡식을 당화시켜 술을 만들었다.

누룩이란 곡주를 만들 때 빠질 수 없는 발효제의 일종으로 밀을 이용해 만든다. 17세기에 만들어진 『음식디미방』의 기록에 따르면 "유월에서 칠월 사이 날이 더울 때 밀기울 닷 되에 물 한 되를 섞어 아주 많이 디딘* 뒤, 짚 방석 위에 깔아 썩지 않게 자주 뒤섞어 주면서 띄

'디딘다'는 것은 누룩 원료를 천에 싸서 발로 짓이기며 반죽하는 과정을 말한다.

누룩. ⓒ 코리아넷

운다.”고 되어 있다.

음력 유월에서 칠월 사이면 매우 더울 때다. 이런 날씨에 굵게 간 통밀을 반죽하여 아무 데나 놓아둔다면 여기에 다양한 미생물이 번식하기 마련이고, 자칫하면 누룩이 만들어지기 전에 모두 썩어 버리기 십상이다. 따라서 우리네 조상은 짓이긴 통밀 덩어리를 짚방석 위에 놓고 짚으로 덮어 주는 지혜를 발휘했다.

지푸라기는 발효의 보물창고

누룩곰팡이는 50여 종이 알려져 있으며 흰색, 검은색, 갈색 등 여러 색을 가지고 있다.

다. 발효식품을 만드는 데 필요한 여러 미생물을 품고 있기 때문이다. 누룩이 잘 띄워져 술을 빚는 데 이용되기 위해서는 다양한 미생물이 순차적으로 누룩에 번식하여야 한다. 먼저 번식해야 하는 것은 초산균이다. 산성을 띠는 초산을 만들어 내는 초산균이 먼저 번식해야만 부패를 일으키는 다른 잡균들의 번식이 저해되기 때문이다. 초산균이 잡균들을 제거한 누룩에 누룩곰팡이가 번식해서 안착하면 ‘잘 띄워진’ 누룩이 만들어진다.

잘 띄워진 누룩은 바싹 말려서 가루를 내어 보관했다가 곡주를 만들 때 발효제로 이용되었다. 누룩 속에 든 누룩곰팡이는 전분을 분해하는 아밀라아제 등의 효소를 다량으로 배출하기 때문에, 곡식 속에 든 전분을 당화시켜 알코올 발효에 적당한 환경을 만들어 낸다. 여기에 누룩을 띄우는 과정에서 같이 번식한 효모균 등 알코올 발효를 잘 일으키는 균들이 기능하면 비로소 곡주가 만들어지는 것이다. 술이 만들어지는 과정은 이처럼 다양한 미생물이 어우러져 일어나는 현상이다. 따라서 미생물이 살아가는 데 적합한 온도와 습도, 환경이 필요하다. 특히나 효모의 경우 발효 과정에서 산소를 필요로 하지 않으므로 용기를 밀봉하여 산소의 유입을 차단해 주는 것도 좋은 술을 만드는 데 도움이 된다.

이렇게 누룩을 이용해 곡식을 발효시켜 술을 만들게 되면 걸쭉하고 혼탁한 술[母酒]이 만들어진다. 이를 그대로 먹기도 하지만 대부분의 경우에는 술독 안에 용수를 질러 술을 걸러 낸다. 이렇게 하면 쫀쫀하게 짠 용수 안쪽으로는 탁한 성분들이 들어오지 못해 용수 안쪽으로 맑은 술이 모이게 된다. 이를 청주(淸酒) 혹은 약주라 한다.

술을 거를 때 쓰는 도구인 용수.

청주를 걸러 내고 남은 술을 다시 체에 거르면 뿌연 액체 상태의 탁주(濁酒)와 술 찌꺼기인 술지

게미로 나뉘게 된다. 탁주
는 보통 서민이 즐기던 대
중적인 술이었으며, 술지
게미 역시 버리지 않았다.
먹을 것이 귀하던 시절에
는 술지게미 자체를 그냥
먹기도 했고, 소금에 절인

술지게미.

채소를 넣어 장아찌를 만들거나 다시 한 번 발효를 시켜 식초를
만드는 등 다양하게 이용했다.

술, 변신에 변신을 거듭하다

처음에는 단지 재료에 따라 나뉘던 술은 점차 술을 빚는 기술
이 발전하면서 다양한 방식으로 분화되었다. 효모를 비롯한 미생
물을 이용해 발효시켜 만들어진 술을 양조주라고 한다. 양조주는
술의 기본으로 에탄올을 약 2~18% 정도 포함하고 있다.

술은 효모가 만드는 것이므로 오래 발효시키면 에탄올의 양이
더 늘어날 것으로 생각되지만 아무리 오랫동안 발효시켜도 에탄
올의 함량은 일정 수준에 도달하면 더 이상 늘어나지 않는다. 대
개는 알코올이 전체의 20% 수준에 도달하면 삼투압 현상에 의해

맥아.

알코올 발효 현상이 저해된다. 즉, 효모가 스스로 만들어 낸 알코올에 익사하는 수준이 되는 것이다. 따라서 알코올 함유량이 20%가 넘어가는 '독한 술'은 인위적인 과정인 증류를 통해 얻을 수 있다.

대부분의 증류주들이 양조주에 비해 알코올의 함유량이 높고 제형이 더 맑은 이유는 이 때문이다. 즉, 같은 맥아(麥芽)를 이용해 만들었지만 양조주인 맥주에 비해 증류주인 위스키가 더욱 알코올 함량이 높고 투명하다.

이 외에도 사람들은 이미 만들어진 술에 다양한 과일이나 부재료를 넣어 향기와 맛, 색깔, 영양성분들을 첨가한 혼성주를 만들어 마시곤 했다. 중양절의 절미(絶美)인 국화주는 청주에 감국(甘菊)의 꽃잎을 넣어 황금빛을 닮은 그 색과 그윽한 향이 우러나게 빚은 일종의 혼성주이자 가향주(加香酒)다. 그리고 국화주는 민가에서부터 궁중까지 널리 애용된 술이었다.

백약지장인가, 백독지원인가?

술의 사전적 정의를 살펴보면 '알코올이 함유되어 있어 마시면 취하게 되는 음료'라 나온다. 술을 다른 음료와 구별하는 결정적인 조건은 알코올이며, 알코올은 사람을 취하게 만든다. 그렇다면 알코올은 어떻게 사람을 취하게 만드는 것일까?

술을 마시게 되면 인체 내부에서는 알코올 대사가 일어나게 된다. 체내에 흡수된 알코올의 대부분은 인체의 화학 공장인 간에서 처리되는데, 간에서 분해할 수 있는 일정량 이상의 알코올은 혈액을 타고 뇌까지 전달되어 뇌에 영향을 미친다.

뇌에 존재하는 신경세포들은 세포막을 기준으로 세포 내부와 외부의 전위차에 의해 신호를 전달한다. 이때 세포막 안팎의 전위차를 만들어 주는 것은 이온의 분포도이다. 나트륨 이온(Na^+)과 칼륨 이온(K^+)의 농도 차이는 신경세포 안팎의 전위차를 만들어 낸다. 그리고 자극을 받게 되면 순간적으로 세포막의 투과성이 변하여 이온의 분포도가 변하게 되는데 이를 이용해 신호를 전달한다.

일반적으로 세포막은 인지질과 단백질로 이루어져 있는데, 술을 마시게 되면 술 속에 포함된 알코올이 뇌로 유입되면서 신경세포막의 투과성이 변화하게 된다. 이로 인해 엄격하게 유지되었던 신경세포막 안팎의 이온 분포도가 변화되어 신호에 혼란이 오게 된다.

뇌 속 신경세포의 혼란은 평소와는 다른 행동을 유발하게 만든다. 특히나 알코올은 이성을 관장하는 대뇌 신피질에 가장 먼저 영향을 미치기 때문에 이성을 눕히고 감정을 격하게 만드는 경우가 많다. 평소에 말수가 없던 이가 갑자기 말이 많아진다거나 울고 웃기를 반복하며 극단적인 감정의 기복을 보이는 건 이 때문이다. 대개 사람들은 이런 상태를 좋아한다. 평소 자신을 옥죄고 있던 여러 구속에서 벗어나 해방감을 느끼게 하기 때문이다.

하지만 좋은 건 딱 여기까지다. 여기에서 술을 더 마시게 되면 신경세포막을 둘러싼 이온 분포의 교란이 더욱 심하고 광범위하게 일어나 기억력이 떨어지고 행동이 굼뜨게 된다. 극단적으로 많은 알코올을 한꺼번에 섭취하는 경우, 신경세포의 교란은 뇌간까지 영향을 미쳐 호흡이 느려지고 체온 조절에 문제가 생겨 사망에 이를 수도 있게 된다.

옛말에 이르기를 술은 백약지장(百藥之長)이자 백독지원(百毒之原)이라 했다. 즉, 술은 최고의 약이 될 수도 있지만 최악의 독이 될 수도 있다는 뜻이다. 술에 들어 있는 알코올은 기분을 고양시켜 사람 사이를 이어 주는 윤활제가 될 수도 있고, 절제된 음주는 혈액순환을 개선시켜 건강에 도움을 줄 수도 있다. 하지만 지나친 음주는 개인의 신체를 망가뜨릴 뿐 아니라 사람 사이의 관계도 무너뜨리는 폭탄처럼 작용할 수 있다.

17세기 이수광이 지은 『지봉유설』에는 "예로부터 소주는 약으로 쓸 뿐 함부로 먹지는 않았다. 그래서 풍속에 작은 잔을 소주잔이라고 했다. 근세에 와서 사대부들이 호사스러워 마음대로 마시고 여름이면 큰 잔으로 많이 마셔 잔뜩 취할 때까지 마시니 갑자기 죽은 자가 많다."며 폭주를 허용하는 사회 분위기를 개탄한 바 있다. 이는 21세기를 살아가는 우리에게도 꼭 필요한 주도(酒道)일 것이다.

매실액

음식의 감칠맛을 더해 주는 최고의 비법

준비물 매실(혹은 덜 익은 꼬마복숭아), 설탕

요리방법

1. 매실을 잘 씻어서 준비합니다. 저는 해마다 매실과 함께 복숭아액도 만든답니다. 꼬마복숭아들은 크기도, 색깔도 꼭 매실처럼 생겼답니다.

2. 매실(혹은 덜 익은 꼬마복숭아)을 깨끗이 씻어서 물기를 빼고 큰 통에 담은 뒤 과육 무게만큼 설탕을 넣습니다.

3. 뚜껑을 꼭 닫아 서늘하고 그늘진 곳에 두고 3개월간 발효시키면 과일 원액이 탄생합니다. 복숭아액도 새콤달콤한 것이 매실액과 비슷합니다. 요리할 때 설탕이나 물엿 대신 사용하면 단맛에 과일향까지 더해지지요.

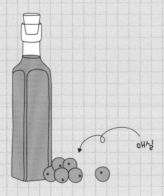

매실

와인 식초

먹다 남은 와인의 맛이 이상해지거나
그냥 먹기에 찝찝할 때 좋은 선택이에요

준비물 와인

요리방법

1. 저는 종종 와인을 선물로 받고는 하는데요. 술을 잘 마시지 않는 터라 한 병을 끝까지 먹어 본 적이 별로 없습니다. 그러다 보니 항상 조금씩 남게 되네요. 여러분도 집 안을 잘 살펴보면 먹다 남은 와인이 있을지도 몰라요. 처치 곤란한 와인이 있을 때 식초를 만들어 보는 건 어떨까요? 우선 깨끗이 씻어서 소독한 유리병에 와인과 물을 1:1의 비율로 넣습니다.

2. 공기는 통하지만 먼지는 들어가지 않도록 유리병 입구를 거즈로 덮어서 햇빛이 잘 드는 따뜻한 곳에 놓아둡니다. 따로 초산균을 넣어 주지 않아도 공기 중의 초산균만으로 충분히 발효가 된답니다.

3. 일주일 정도 지나서 포도주의 빛깔이 엷어져 노란색으로 변하면 와인 식초가 완성됩니다. 혹시나 찌꺼기나 불순물이 있을지도 모르니 고운 면보자기나 여과지를 이용해 걸러 냅니다. 그리고 병에 담아 뚜껑을 막고 냉장고에 보관하면 돼요.

처치 곤란 와인으로 만든
와인 식초!

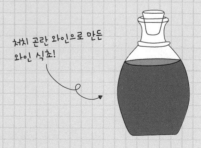

Food
RECIPE

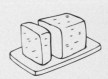

11월: 입동과 김치
김치는 과학이다?

COOKING

겨울의 시작은 김장과 함께

겨울의 시작을 알리는 절기인 입동(立冬)이 다가오면 각 가정에서는 겨우살이 채비를 마무리하느라 분주해지기 마련이었다. 기나긴 겨우살이 준비 중에서도 가장 큰 품이 드는 것은 역시 김장이었다. 김장날이 가까워 오면 장정들은 마당 한편을 파내고 깨끗이 씻은 커다란 독들이 깨지지 않도록 조심스레 묻었다. 나이 든 이들은 새로 수확한 깨끗한 볏짚으로 김칫독을 덮을 가마니를 짜느라 분주했다. 식구가 많은 집에는 아예 김칫독을 묻는 곳에 통나무와 볏짚으로 움집 형태의 광을 따로 만드는 경우도 있었다.

그사이 아낙들은 김장 채비를 했다. 깨끗이 씻은 배추에 천일염을 고루 뿌려 하룻밤 절여 뒀다가 씻어 내 물기를 빼고 속으로 들어갈 무와 갓, 쪽파 등을 다듬고 채 쳤다.

실하게 들어찬 육쪽 마늘과 톡 쏘는 향이 강한 생강을 곱게 다지고, 가을볕에 잘 말려 곱게 빻은 붉은 고춧가루와 통통하게 잘 익은 새우로 담근 육젓까지 준비하면 김장 준비는 얼추 끝낸 셈이다. 이제 남은 일은 맛깔나게 배합한 속을 절인 배추에 켜켜이 넣어 둥글게 감싸 김칫독에 차곡차곡 넣는 일이었다. 아낙들이 배춧속을 넣기 시작하면 아이들은 노는 것도 잊고 저마다 어머니 치마꼬리에 붙어 앉곤 했다. 어머니가 속을 넣는 와중에 하나씩 뚝 떼어 입 속에 넣어 주는 노란 배추 고갱이 쌈은 그 어떤 음식보다 맛있는 별미였기 때문이다.

늦가을 함께 김치를 담그고 나누는 우리의 김장 문화는 유네스코 인류무형문화유산으로 등재되어 있다.

미생물을 이용해 미생물로부터 식량을 지키다

냉장 및 냉동 시설이 지금처럼 널리 보급되기 이전 시대에는 식재료를 오랫동안 보존하는 것이 어려운 일이었다. 대부분의 식재료는 사람뿐 아니라 다른 생물, 특히 미생물에게도 군침 도는 먹거리였기 때문에 조금만 방치하면 쉬거나 썩기 일쑤였다. 따라서 식재료를 인간이 먹을 수 있는 상태로 오랫동안 보존하는 방법이 다양하게 개발되었다. 햇빛에 바짝 말리거나 소금, 식초 등에 절여서 수분을 제거하는 방법은 가장 기초적인 식료품 저장법이었다. 미생물 역시 생물이므로 물이 없으면 살 수 없기 때문이다.

그런데 개중에는 미생물의 공격을 미생물의 힘으로 막는 이이제이(以夷制夷, 적을 이용해 적을 무찌른다는 뜻) 방법을 생각해 낸 이들도 있었다. 바로 발효(醱酵)의 원리를 깨달은 사람들이었다. 어떤 음식을 발효시키면 더 오랫동안 보존할 수 있을 뿐 아니라 원재료가 가지지 못했던 풍미와 영양소까지 덤으로 얻을 수 있기 때문에 발효는 일석이조의 효과를 지닌 식품 저장법이었다.

발효의 재료는 매우 다양했지만 특히나 우리는 전통적으로 채소를 발효시켜 '김치'의 형태로 만들어 먹는 풍습을 가지고 있었다. 한국인의 밥상에서 쌀밥과 함께 빠지지 않는 반찬인 김치. 이 김치는 누가, 언제, 무엇을 가지고 처음 만든 것일까?

김치는 기본적으로 '채소를 소금물에 절인 뒤 발효시킨 음식'

이다. 이미 중국에서는
3,000년 전부터 오이를 소
금에 절여 먹는 풍습을 가
지고 있었다. 당시 중국에
서는 이러한 형태의 음식
을 '저(菹)'라고 했는데, 우
리나라에서는 이를 일컬어
소금물에 담가 만든다고

섞박지는 무와 배추를 섞어 만든 김치라는 뜻에서 유래한 이름이다.

하여 '지(漬, '담그다, 적시다'라는 뜻)'라고 불렀다. 오늘날에도 즐겨
먹는 오이지, 짠지, 섞박지처럼 소금에 절인 채소 음식에 붙이는
'지'는 여기서 유래된 말이다.

우리나라에서 언제부터 김치를 먹었는지 정확하지는 않지만
많은 학자가 삼국 시대 이전일 것으로 추측한다. 당시의 김치는
재료와 방법의 차이로 지금과 같은 김치가 아니라 앞서 말한 '지'
의 형태에 가까웠을 것으로 짐작된다. 삼국 시대에는 주로 오이,
가지, 순무, 파, 아욱, 박 등을 소금에 절여 발효시켜서 먹었다. 이
후 고려 시대에는 파와 마늘이 재배되기 시작해 단순한 소금 절
임에 맛과 향을 더하고 보존 기간도 증가시킨 형태의 양념 절임
이 등장했다. 김치가 배추를 주재료로 하고 고춧가루로 붉게 물들
인 지금의 형태를 가지게 된 것은 임진왜란 이후의 일이었다. 이
시기를 전후하여 중국으로부터 배추가 들어왔고 일본으로부터

고추가 유래되었는데 이들은 곧 김치를 만드는 주요 재료로 자리 잡았다. 소금물에 절였다가 씻어 낸 배추에 잘게 썬 무와 쪽파, 마늘, 젓갈을 고춧가루와 잘 버무린 속을 넣어서 발효시킨 '포기김치'의 시대가 도래한 것이다.

김치의 첫 번째 비밀, 소금

김치는 '채소를 소금에 절여서 발효시킨 음식'이라는 사전적 정의에 맞게 절임과 숙성 과정이 절대적으로 중요하다. 배추김치를 담그기 위해서는 먼저 배추 잎에 켜켜이 소금을 뿌리거나 소금물에 하룻밤 정도 재워 '숨을 죽여야' 한다. 이렇게 소금 세례를 받고 난 배추는 처음의 뻣뻣했던 기세가 꺾이고 부피가 줄어드는데, 이는 삼투압의 차이로 인해 배추 속에 든 수분이 빠지면서 원형질 분리°가 일어난 결과이다.

배추를 소금에 절이면 일차적으로 수분이 감소되고, 소금 자체의 염분에 의해 미생물의 활동이 억제되어 저장성이 좋아지며, 김치 속으로 양념이 잘 스며들어 맛도 잘 밴다. 소금에 절이지 않고 신선한 상태에서 바로 무쳐 먹는 김치인 겉절이의 양념을 보통 김치보다 더 강하게 하는 이유도 소금 절임 상태가 생략되어 양념이 잘 배어들지

원형질 분리는 식물 세포를 고장액에 담구면 삼투압을 통해 원형질이 세포막에서 분리되는 현상이다.

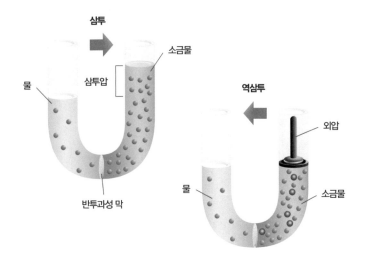

농도가 다른 두 액체를, 용매는 통과시키지만 용질은 통과시키지 않는 반투과성 막으로 고정시키자. 이때 용매는 용질의 농도가 낮은 쪽에서 농도가 높은 쪽으로 옮겨 가면서 압력의 차이가 발생한다. 이것을 삼투압 현상이라고 한다.

않기 때문이다.

　또한 배추를 소금에 절이는 두 번째 이유는 김치를 담글 때 꼭 필요한 유산균의 생장을 유도하기 위해서이다. 일반적으로 세균은 염분에 취약하지만 김치 맛을 좋게 만드는 유산균은 염분에 강한 내염성 세균이라 소금기가 있어도 잘 자란다. 따라서 배추를 소금에 절이게 되면 잡균들이 제거되고 유산균만 살아남아 빠른 번식이 가능하다. 하지만 소금을 지나치게 많이 사용하거나 너무 오래 절이면 채소가 가진 고유의 단맛이 파괴되어 맛이 떨어지므로 무조건 소금을 많이 뿌릴 것이 아니라 적절한 농도로 절이는

삼투압 현상을 최초로 측정한 독일의 과
학자, 모리츠 트라우베(Moritz Traube,
1826~1894).

것이 중요하다.

일반적으로 김치의 염도는 계절과 예상 저
장 기간 여부에 따라 달라진다. 기온이 낮고
보관 기간이 짧을수록 염도를 낮게 하고, 기
온이 높고 보관 기간이 길수록 높게 하는데
일반적으로 2~10% 사이에서 정해진다. 요즘
에는 지나친 소금 섭취가 좋지 않다는 사실이
알려져 있고 냉장고의 보급이 보편화되어 염
도를 1%대로 낮춰 짠맛을 줄인 저염김치가
인기를 끌고 있지만, 한 세기 전까지만 하더라도 김치의 소금 농
도는 지금보다 훨씬 높았다. 특히 장아찌나 짠지의 경우 소금 농
도가 20%에 달하는 경우도 있었다.

하지만 우리나라의 전통적인 식단에서는 동물성 식품이 차지
하는 비율이 극히 낮았기에 염도가 높은 반찬이 상 위에 올라와
도 큰 문제가 되지는 않았다. 사실 소금은 인간이 살아가는 데 꼭
필요한 물질이다. 소금 속에 든 나트륨은 수분을 붙잡는 성질이
있어서 우리가 물 밖에서 살면서도 생명 활동에 꼭 필요한 물을
잃어버리지 않도록 돕는다.

육식을 주로 하는 경우 동물의 고기 속에 나트륨이 충분히 들
어 있기 때문에 따로 나트륨을 보충할 필요가 없지만 채식을 주
로 하는 경우에는 상대적으로 나트륨이 부족해 추가 보충이 필요

하다. 채식 위주의 식생활을 했던 우리 조상들의 경우, 정상적인 식사만으로는 나트륨의 양이 부족해 짜게 절여진 장아찌나 짠지로 이를 보충할 필요가 있었다. 하지만 동물성 식품의 섭취량이 늘어난 현대인의 경우, 추가적으로 필요한 나트륨의 양이 많지 않기 때문에 짠 음식은 건강에 득보다는 실이 되는 경우가 많다.

김치의 두 번째 비밀, 유산균

배추가 잘 절여지면 이제는 적절하게 양념 속을 넣고 미생물의 역할을 기다릴 차례이다. 잘 버무려진 속을 넣은 배추 포기는 속이 빠지지 않게 잘 오므려 김칫독의 바닥부터 차곡차곡 쌓은 뒤 무거운 돌을 올려놓고 뚜껑을 덮어 공기와의 접촉을 차단한다. 무균 상태에서 김치를 담그는 것이 아니기 때문에 처음 김치를 담그게 되면 그 안에 다양한 종류의 세균이 들어 있기 마련이다. 하지만 이렇게 꼭 밀봉해 두면 점차 다른 세균은 사라지고 유산균만 남아 번식하게 된다. 유산균이 산소를 싫어하는 혐기성 세균인 데다가 다른 세균들과 달리 염분이 충분한 환경에서도 잘 자라는 내염성 세균이기 때문이다.

산소는 부족하고 염분만 많은 김치 속 환경이 다른 세균들에게는 척박한 환경일지 몰라도 유산균에게는 살기 좋은 곳이다. 또한 일단 유산균이 자리를 잡고 나면 다른 균들은 더욱더 입지가 좁아진다. 유산균이 분비하는 산성 물질인 젖산이 또 하나의 부담으로 작용하기 때문이다.

젖산 발효 과정 : $C_6H_{12}O_6 \rightarrow 2C_3H_6O + 2ATP$

유산균은 대표적인 혐기성 세균으로 산소가 없는 상태에서 포도당을 만나면 이를 분해하여 살아가는 데 필요한 에너지인 ATP를 얻는다. 이를 젖산 발효라고 한다. 세균이나 사람이나 모두 포도당을 분해하여 ATP를 얻어 살아가지만, 산소가 없는 상태에서 포도당은 완벽하게 물과 이산화탄소로 분해되지 못한다. 포도당 분해 반응이 중간까지만 진행되기 때문에 중간 산물이 만들어지며 ATP 수율도 산소가 있을 때에 비해 매우 떨어진다. 유산균이 주로 이용하는 젖산 발효의 경우 포도당 1분자를 분해해서 겨우 2개의 ATP를 얻어 낼 뿐이다. 이러한 형태의 ATP 생성은 유산균뿐만 아니라 운동을 심하게 할 때 사람이나 동물의 근육 속에

효모와 함께 대표적인 혐기성 미생물인 유산균.

서도 일어난다.

갑자기 격렬한 운동을 하게 되면 근육이 순간적으로 힘을 쓰는 데 필요한 에너지를 충분히 확보할 수 없다. 그래서 모자란 ATP를 보충하고자 근육 내 저장된 글리코겐을 분해해 ATP를 생성하는데 이때 부산물로 젖산이 만들어진다. 다만 근육 내에서 일어나는 이러한 과정은 미생물의 몸속에서 일어나는 것과 구별해 '해당(解糖, glycolysis)' 과정이라고 불린다. 격렬한 근육 운동을 한 뒤에 근육이 '뭉치고 아픈' 이유는 해당의 결과로 만들어진 젖산, 즉 일종의 산성 물질이 쌓여 근육을 자극하기 때문이다.

사람의 근육 속에서 만들어지는 젖산은 근육통을 유발할 뿐이지만, 김치에서 만들어지는 젖산은 김치를 숙성시키고 미생물의 발생을 억제하는 역할을 한다. 김치를 발효시키는 역할을 하는 유산균의 종류는 약 30여 종에 달하는데 그중에서도 가장 큰 역할을 하는 것이 류코노스톡(Leuconostoc) 속과 락토바실러스(Lactobacillus) 속에 속하는 유산균이다. 공 모양의 류코노스톡 유산균은 주로 김치를 담그고 난 초기에 주로 활동하는 유산균이다. 이들은 김치가 시어져 pH가 4.8 이하로 내려가면 생장이 멈추기 때문에 아직 유산균이 많이 번식하기 전인 초기에 주로 번식한다.

류코노스톡 유산균은 배추나 무에 포함된 포도당을 분해하여 젖산뿐 아니라 덱스트란(dextran)도 만들어 낸다. 과당과 포도당이 길게 연결된 다당류인 덱스트란은 점성이 있는 액체 형태로 인체 내에서 소화되지는 않지만 수분을 붙잡는 성질이 매우 강해 장 속에서 충분히 수분을 흡수해 변비 예방에 도움이 되는 일종의 식이섬유다. 간혹 잘 익은 깍두기나 섞박지를 먹을 때 김치 국물이 걸쭉한 느낌이 들 때가 있는데 이는 국물 속에 덱스트란이 형성되어 있기 때문이다.

류코노스톡 유산균이 활발하게 활동하여 젖산을 비롯한 유기산을 많이 만들어 내 김치 국물의 pH가 4.8 이하로 떨어지면, 이제는 이들 대신 락토바실러스 속에 속하는 유산균이 늘어난다. 락토바실러스 유산균은 다른 유산균들 중에서도 내산성이 강해 산성인 환경을 잘 버틴다. 그래서 이들은 김치가 익다 못해 시어 가는 과정에 관여하는 세균이다. 락토바실러스 유산균이 늘어나면 김치는 점점 더 시어지는데 시간이 지날수록 오히려 유산균의 수가 줄어든다. 일반적으로 산(酸)은 살아 있는 생물에게 해로운 작용을 한다. 삼투압을 교란시킬 뿐 아니라 단백질도 변성시키기 때문이다. 김치나 우유의 유산균이 젖산을 만들어 내면 다른 균들이 번식하지 못하는 이유는 이 때문이다.

유산균은 그 자신이 젖산을 생성하므로 다른 균들에 비해서 내산성이 높은 편이라 주변이 산성일 때 좀 더 잘 버텨 낸다. 그러나 아무리 내산성이 있다고 하더라도 유산균 역시 세균의 일종인지라 젖산이 더욱 축적되어 pH가 일정 농도 이하로 내려가면 그 스

우리가 즐겨 먹는 묵은지는 저온에서 6개월 이상 오랫동안 숙성시킨 김치를 말한다. 일반적인 김치는 빨리 숙성되어 신맛이 강하지만 묵은지는 천천히 숙성되었기 때문에 신맛이 적다. 숙성 기간의 차이는 유산균 함유량에서도 나타난다. 담근 지 일주일이 지난 김치는 g당 약 1억 마리의 유산균이 있는 반면 묵은지는 약 2,000마리에 불과하다.

스로도 역시 타격을 입게 된다. 즉, 자신이 만들어 낸 칼날이 주변을 다 베어 버린 후 자신까지 베는 셈이다.

그래서 김치는 익는 과정에서 유산균의 수가 점점 더 많아지지만, 시어 가는 과정에서는 유산균의 수가 점점 줄어들게 된다. 김치를 지나치게 오래 묵히면 역한 군내가 나고 조직이 물러져서 먹을 수 없게 되는데 이는 유산균이 스스로의 젖산에 의해 사라지고 그 자리에 효모나 기타 다른 곰팡이성 미생물이 번식하여 김치를 '부패'시키기 때문이다.

발효, 미생물이 선사하는 마법

날이 추워지면 초목이 말라 버리므로, 냉장 시설이 부족했던 시절의 겨울에 신선한 채소를 먹기란 쉬운 일이 아니었다. 채소는 탄수화물이나 단백질, 지방 등의 열량 성분은 부족하지만 대신 우리 몸의 다양한 대사 기능을 적절히 조절하는 비타민과 무기질의 함량이 높은 음식이다. 따라서 신선한 채소를 제대로 섭취하지 못하면 각종 비타민 부족증에 걸릴 가능성이 높았다.

이때 신선한 채소를 발효시킨 김치는 좋은 대안이 되었다. 김치는 일단 익히지 않는 음식이기에 열에 의해 비타민이 파괴될 염려가 적을 뿐더러 유산균이 발효하는 과정에서 비타민 B군류의 함유량이 늘어나는 부가 효과도 가지게 되어 오히려 영양학적 가치가 더 높아진다. 또한 유산균은 우리의 장내에서도 존재하는 장내 정상세균으로 식중독균의 침입을 막고 장의 운동을 도와 소화 흡수를 원활하게 만드는 좋은 공생세균이기도 하다.

이처럼 미생물의 발효는 미생물이 인간에게 주는 좋은 선물이 된다. 때로 미생물은 알코올 발효를 통해 사람이 기분 좋게 취할 수 있는 술을 만들어 주기도 하고, 유산 발효를 통해 아삭아삭한 김치와 새콤하고 부드러운 요구르트를 선사하기도 하며, 자신들이 만들어 낸 알코올을 다시 아세트산으로 분해하여 시큼한 식초로 변신하기도 한다. 이 밖에도 다양한 미생물은 저마다 살아가는 데 필요한 에너지를 얻기 위해 영양분을 분해하는 과정에서 다양한 중간 산물을 만들어 낸다. 그리고 사람들은 이를 유용하게 이용하고 있다.

다양한 김치처럼 다양하게 어우러지는 삶을 꿈꾸며

세월이 지나고 시대가 변하면서 전통적으로 내려오던 명절과 절기의 풍속 그리고 먹거리들은 많이 잊히고 사라졌다. 하지만 겨울이 시작되기 전 김장을 담그는 풍속은 아직도 우리 주변에서 드물지 않게 볼 수 있다. 그만큼 김치라는 음식이 우리의 식생활에서 차지하는 비중이 크다는 것이다. 하지만 요즘의 김장은 예전과는 달리 지역색이 옅어지고 있다. 이제는 전국 방방곡곡 대부분의 집에서 배추를 주재료로 한 포기김치로 김장을 준비한다. 하지만 김치는 오랫동안 우리나라 각 지역의 특색에 맞도록 발달되어 온 음식이다.

예를 들어 한반도의 남쪽 지역에 위치한 경상도와 전라도는 기온이 높아 김치가 쉽게 변질되는 것을 막기 위해 소금 간을 세게 하고 얼얼할 정도로 맵게 양념을 한다. 그리고 상대적으로 다양한 식재료를 구하기 쉬웠던 전라도 지역에서는 여러 종류의 젓갈과 부재료를 이용해 다양한 김치를 만들었다.

어린 시절, 아버지의 직장 문제로 통영에서 몇 년간 산 적이 있었다. 거기에서 처음 사귄 친구네 놀러 간 날, 김치에 생선 토막이 거의 날것 그대로 들어 있는 것을 보고 깜짝 놀란 기억이 있다. 액젓만으로 담근 경기도식 김치에 익숙했던 내게 그 '물고기 김치(집에 와서 엄마에게 이렇게 말했다고 한다.)'는 너무나 강렬한 추억의 한 장면으로 남았다. 하지만 더 남쪽 지역이라도 제주도 김치는 간이 세지 않고 양념류도 적게 들어간다. 남쪽인데도 제주도 김치의 간이 세지 않은 것은 섬이라는 제주도의 특성상 양념을 구하기 어려웠기 때문이기도 하고, 겨울에도 날씨가 따뜻해 푸성귀를 구하는 것이 그다지 어렵지 않아 김치를 오래도록 보관할 필요가 적었기 때문이다.

반면 북쪽에 위치한 평안도와 함경도에서는 겨울이 매우 추워 김치를 오래 보관하는 것이 어렵지 않았기 때문에 상대적으로 간이 싱겁고 덜 자극적인 김치를 담그곤 했다. 동쪽으로는 바다, 서쪽으로는 높은 산을 끼고 있는 강원도에서는 산에서 나는 나물과 특산물인 오징어를 넣은 김치가 발달했으며, 궁궐과 가까운 서울과 경기도 지역에서는 궁중에서 유래된 화려하고 재료가 풍성하며 담백하고 깔끔한 김치가 발달했다. 이처럼 김치는 '소금에 절인 채소를 발효시킨다'는 가장 기본적인 특색만 공유한 채 각자 지역에서 가장 구하기 쉬운 재료를 이용해 지역의 기후적, 지리적 특색에 가장 적합한 방법으로 변주된 매우 다채로운 음식이었다.

하지만 최근 들어서는 김치의 표준화라는 이름을 걸고 일관된 맛을 내는 같은 모양의 김치들이 늘어나는 것과 비례해 지역의 특색을 살린 김치들이 점차 자리를 잃고 있다. 유산균은 적응력과 친화력이 매우 높은 미생물이라 발효할 대상을 그리 가리지 않는다. 따라서 유산균을 잘만 이용하면 배추, 무, 갓, 열무, 총각무 같

은 전형적인 김치 주재료뿐 아
니라 쑥갓, 미나리, 파, 고들빼
기, 부추, 고춧잎, 가지, 고구마
줄기, 오이, 미역, 파래, 톳, 순
무, 더덕, 깻잎, 콩나물, 우엉 등
거의 모든 채소들을 김치로 변
신시킬 수 있다. 또한 여기에
새우, 멸치 등을 발효시킨 젓국
이나 오징어, 명태, 조기, 대구,
굴 등의 해산물 또는 쇠고기,

우리나라의 김치는 재료, 담그는 방법, 발효법에 따라 나뉘며 그 종류는 300여 가지에 이른다. 전 세계적으로 김치와 유사한 '절인 채소' 음식이 많다. 중국의 파오차이, 일본의 쓰케모노, 서양의 피클, 독일의 사우어크라우트(Sauerkraut), 인도의 아차르(Achar), 중동의 토르시(Torshi)가 대표적이다. 사진은 인도의 아차르로 라임, 망고, 고추 등 과일과 채소를 함께 절인 음식이다.

꿩고기, 된장, 간장 등을 더해 색다른 감칠맛이 나는 김치를 만드
는 방법도 있다.

이처럼 다양한 김치가 표준화라는 틀에 맞춰져 사라지는 것은
아쉬운 일이 아닐 수 없다. 어쩌면 우리가 가진 전통 음식을 오늘
에 맞게 되살려 다양화시키는 것이 미생물을 이용해 미생물로부
터 음식을 지켜 냈던 조상들의 지혜와, 미생물이 선사하는 발효라
는 선물을 더욱 제대로 이용하는 것이 아닐까?

등갈비 김치찜
뜯어 먹는 맛이 일품인 별미 중의 별미

준비물 돼지등갈비, 김치, 대파, 감자, 마늘, 후추, 청주, 깻잎, 들깨가루, 떡볶이용 떡

요리방법

1. 돼지등갈비를 찬물에 넣어 핏물을 뺍니다. 그런 다음 건져서 통후추, 통마늘, 청주를 넣고 애벌로 끓여서 떠오르는 찌꺼기를 제거합니다. 돼지 냄새가 싫다면 월계수 잎을 2~3장 넣어서 같이 끓여 주세요.

2. 커다란 솥에 포기김치, 돼지등갈비, 껍질을 벗긴 통감자를 넣고 다시마 우린 물을 부어 끓입니다.

3. 고기와 감자가 익으면 미리 찬물에 불려 둔 떡볶이용 떡을 넣어 한 번 더 끓입니다. 마지막으로 썰어 둔 깻잎과 들깨가루를 뿌려 섞습니다. 팽이버섯을 넣어도 좋아요.

4. 깻잎의 숨이 죽으면 불을 끄고 맛있게 냠냠. 양손으로 등갈비를 뜯어 먹는 재미가 쏠쏠하답니다.

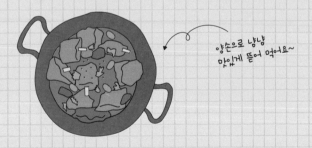

양손으로 냠냠
맛있게 뜯어 먹어요~

피클

아삭아삭! 어디에나 잘 어울리는 밑반찬

준비물 오이, 식초, 설탕, 피클링 스파이스, 무, 당근, 양배추, 비트, 기타 냉장고 안에 굴러다니는 채소들

요리방법

1. 냄비에 물과 설탕을 2:1의 비율로 넣은 후 물 1컵당 소금 1스푼, 피클링 스파이스 1티스푼의 비율로 넣고 끓여 줍니다. 바글바글 끓으면 식초를 넣고 잘 섞은 뒤 불을 끕니다.

2. 깨끗이 씻어 뜨거운 물로 소독한 유리병에 잘 씻은 오이, 무, 당근 등을 먹기 좋은 크기로 썰어서 담습니다. 이때 비트를 2~3조각 넣어 주면 예쁜 분홍색 피클을 만들 수 있어요. 다만 비트를 너무 많이 넣으면 핏빛에 가까운 피클이 만들어지니 조금만 넣어야 해요. 이 밖에도 브로콜리, 양배추, 콜라비, 콜리플라워 등이 있다면 함께 넣어 주세요.

3. 1번 과정에서 끓여 만든 물을 채소가 담긴 병에 부어 줍니다. 그리고 식으면 냉장고에 넣어서 2~3일 정도 숙성시킨 후 먹으면 오케이.

오이

무

당근

12월: 동지와 타락죽

우유, 먹느냐 마느냐, 그것이 문제로다!

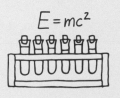

Hi

1년 중 낮이 가장 짧고 밤이 가장 긴 날

목덜미를 스치는 바람이 차가워지는 정도와 비례해 낮의 길이가 점점 짧아진다. 해가 중천에 걸렸다 싶은데 이내 서편으로 넘어간다는 느낌이 들면 사람들은 집 안팎을 쓸고 닦으며 분주해진다. 곧 있으면 동지(冬至)이기 때문이다. 동지는 해가 가장 낮고 짧게 걸리는 날로 동지를 기점으로 해는 다시 길어지기 때문에 정월 초하루보다 한 해의 시작으로 더 걸맞아 보이는 날이었다. 짧은 동지 해가 저물기 전, 아낙들은 잘 여문 팥을 골라 가마솥 가득 팥죽을 쑤었다. 쫀득한 새알심이 듬뿍 들어간 따끈하고 걸쭉한 팥죽은 추위로 움츠러든 몸을 따뜻하게 감쌀 뿐 아니라 잡귀와 사악한 기운까지 몰아내 마음까지 든든하게 해 주는 고마운 음식이었다.

이날은 궁중의 사람들도 분주했다. 동짓날은 관상감(觀象監, 조선 시대에 천문·지리·기후·달력·물시계 등을 관장하던 관청)에서 만들어 올린 새해 달력에 임금이 친히 옥새를 찍어 신하들에게 선물하면서 축하연을 벌이는 잔칫날이었다. 이날의 축하연이 특별한 것은 신하들에게도 타락죽이 제공되었기 때문이다. 팥죽이 민간의 동지 절식이었다면, 궁중의 동지 별식은 우유를 넣어 만든 타락죽이었다. 임금과 신하는 몸을 보한다는 귀한 타락죽을 나눠 먹으며 한 해 동안의 건강과 서로의 안녕을 축원했다.

동지의 음식으로 가장 유명한 것은 팥죽이었다. 깨끗하게 씻어 충분히 불린 팥에 물을 넉넉히 붓고 가마솥에 끓인 뒤 삶은 팥을

팥죽.

체에 걸러 질긴 껍질을 제거하고 다시 눋지 않게 천천히 졸여 낸 것이 팥죽이었다. 여기에 쌀가루로 만든 새알심을 넣어 먹기도 하는데, 걸쭉하고 진한 팥죽과 부드럽고 몰캉한 새알심의 조화는 군침이 절로 돌게 했다. 하지만 민간에서 유독 동짓날에 팥죽을 쑤어 먹은 것은 단순히 이때쯤 팥이 여물기 때문만은 아니었다.

우리네 조상들은 팥죽에 맛과 영양 외에도 벽사(辟邪, 귀신을 물리침)의 기능도 포함되어 있다고 여겼다. 따라서 동짓날 팥죽을 쑤면 먼저 사당으로 가져가 조상에게 바치며 동지고사를 지내고 방과 장독대, 헛간과 광 등에 한 사발씩 퍼 놓고 축귀(逐鬼, 잡귀를 쫓아냄) 의식을 행했다. 지역에 따라서는 팥죽을 솔가지에 묻혀 문간과 담장에 바르거나, 마당에 한 사발 뿌리기도 했다. 우리 조상들은 양색(陽色)인 붉은색에 음하고 어두운 성질을 지닌 잡귀를 쫓는 힘이 있다고 믿었다. 그래서 햇빛을 듬뿍 머금고 자라난 붉은 팥을 이용해 혹시나 집안에 들었을지 모르는 잡귀를 내쫓고 1년이 평안하기를 간절히 바라곤 했다.

궁중의 동지 절식, 타락죽

민간에서 동지에 팥죽을 주로 쑤어 먹었다면 궁중에서는 타락죽을 먹는 경우가 많았다. 우리에겐 다소 낯선 단어인 타락(駝酪)

이란 돌궐어의 '토라크'에서 유래된 말로, 원래는 말린 우유*를 뜻하는 말이었으나 조선에서는 우유나 유제품을 일컫는 말로 쓰였다. 타락죽을 끓이기 위해서는 먼저 흰무리를 만들어야 했다. 흰무리란 물에 불린 백미를 맷돌에 곱게 간 뒤 이를 다시 물에 가라앉혔다가 웃물을 따라 내고 바닥에 남은 뽀얀 쌀 앙금을 말한다. 이렇게 만든 흰

무리로 되직하게 죽을 쑤다가 어느 정도 익으면 우유를 넣고 잘 저으면서 반투명한 상태가 될 때까지 뭉근하게 끓인 것이 타락죽이다.

　전통적으로 우유란 암소가 송아지를 낳았을 때만 얻을 수 있는 흔치 않은 식재료였다. 게다가 우리네는 농경 사회였기 때문에 소를 중시했고 "소는 일평생 사람들을 위해 일하는데 그 송아지가 먹는 젖마저 빼앗아 먹는 일이 온당한가?"라는 윤리적 논란마저 있었다. 그래서 우유는 궁중에서조차 마음 놓고 먹을 수 없는 귀한 음식이자 식재료였다.

　이토록 귀하고 소중하게 여겼기에 우유는 원기를 보충하고 허약해진 몸을 튼튼하게 하는 데 가장 좋은 보양식으로 여겨지기도 했다. 그래서 『조선왕조실록』에 보면 내의원에서 안색이 나쁜 원자(元子, 왕세자로 책봉되지 않은 임금의 아들)에게 타락을 드실 것을 권유하는 상소를 올린다거나, 병이 위중한 중신들에게 임금이

친히 타락죽을 내렸다는 기록이 남아 있다. 이처럼 우리 조상들에게 우유는 참으로 귀하고 소중한 보양 음식이었다.

우유는 완전식품인가?

타락죽에 대한 우리 조상들의 태도에서 보듯이 우유는 예로부터 건강식을 넘어 보양식으로 추앙받았다. 이것은 포유동물의 모든 젖이 새끼를 먹이기 위해 만들어 낸 '사랑의 음식'이라는 점에 기인한다. 사람은 포유류(哺乳類)의 일종인데, 포유류란 말 그대로 '젖을 먹고 자라는 동물'이라는 뜻이다. 젖은 사람뿐 아니라 모든 포유류의 첫 번째 만찬이다. 종에 따라 먹는 음식은 매우 다르지만 젖의 형태는 거의 비슷하다. 아직 소화기관과 치아가 미숙한 새끼들이 쉽게 먹을 수 있도록 액체의 형태이며 새끼가 자라는

타락죽. 불린 쌀을 갈아 되직하게 끓이다가 우유를 넣어 반투명한 상태가 될 때까지 뭉근하게 끓인 일종의 우유죽.

데 필요한 모든 영양소가 고루 포함된, '젖먹이를 위해 준비된 식품'인 것이다.

실제로 포유류의 갓난 새끼들은 출생 후 상당 기간 동안 오로지 젖만 먹어도 무리 없이 생존하고 성장한다. 심지어 일생 중 젖을 먹는 시기의 성장 속도가 가장 빠르다. 인간의 아기는 생후 100일까지 모유나 조제분유 외에 아무것도 먹지 않아도 몸무게가 출생 시의 2배로 증가한다. 송아지의 경우는 이보다도 빨라, 출생 후 50일이면 체중이 2배가 된다. 사람이든 송아지든 젖을 뗀 이후에도 한동안 성장은 지속되지만 그 속도는 현저히 떨어진다. 따라서 우리는 젖에 대해서 일종의 환상을 가지고 있다. 구약성경 속 모세가 자신을 따르는 무리를 이끌고 도달한 곳은 '젖과 꿀이 흐르는 땅'이었으며, 헤라의 젖가슴에서 뿜어져 나온 젖은 밤하늘 가운데 별들의 길*을 만들었다는 전설이 있다. 그렇다면 우유는 정말 완전식품일까?

정답부터 말하자면 '그렇다'다. 하지만 '어린 송아지에게는'이라는 단서가 붙는다. 실제로 우유는 단백질과 지방, 칼슘, 비타민과 각종 무기질이 듬뿍 든 영양식인 것이 틀림없다. 하지만 애초부터 우유란 어미 소가 송아지에게 먹이기 위해

은하수(銀河水)는 우리말로는 '은빛 강'이라는 뜻이지만, 영어로는 'milky way'라 불린다. 그리스 신화 속 신들의 왕인 제우스는 인간 여인에게서 얻은 아들에게 영원한 생을 선물하려고 그의 아내인 헤라가 잠든 틈을 타 그녀의 젖가슴에 아이를 올려놓았다. 헤라의 젖에는 영생의 힘이 깃들어 있었기 때문이다. 아이는 힘차게 젖을 빨았고 이에 놀라 잠에서 깬 헤라는 자신에게 안겨 있던 아이를 밀어냈는데, 아이가 얼마나 젖을 힘차게 빨고 있었던지 젖이 뿜어져 나와 하늘에 긴 자국을 남겼다고 한다. 영생의 힘을 지닌 헤라의 젖은 하늘에 영원히 남아 은하수가 되었고, 헤라의 젖을 맛본 아이에게는 '헤라의 영광'이라는 뜻의 헤라클레스라는 이름이 주어졌다.

만들어 낸 것이니 사람보다는 송아지의 생리 특성에 맞도록 특성화되어 있을 수밖에 없다.

송아지는 사람의 아기보다 성장 속도가 빠른 데 비해 뇌의 발달은 크게 이루어지지 않는다. 그러므로 우유는 사람의 젖에 비해 단백질과 칼슘은 많고 유당 등의 탄수화물은 적게 들어 있다. 모유가 우유에 비해 더 묽어 보이고 더 단맛이 강하게 느껴지는 것은 이 때문이다. 따라서 우유가 '완전식품'이기는 하지만 사람이 우유만 마시고 완벽하게 건강을 유지하기는 어렵다.

우유는 몸에 나쁜가?

한때 전 국민이 우유를 먹어야 한다는 '우유 예찬론'이 인기를 끌었던 때가 있다. 하지만 최근에는 우유에 대한 무조건적인 찬양 대신 오히려 우유는 별다른 이익이 없다는 '우유 무용론'과 이를 넘어 오히려 우유는 몸에 해롭다는 '우유 해악론'이 많은 힘을 얻고 있다. 한때는 완전식품이자 보양식으로 대우받던 우유의 처지가 왜 이토록 반전되었을까?

첫째, 우유 속에 든 유당에 대한 인체의 반응 차이는 건강식품이라는 우유를 다른 시각으로 보게 한다. 실제로 우유에 대해 불신하는 사람들 중에는 '우유가 안 받는다'고 하는 사람들이 많다.

우유만 먹으면 속이 불편하며 가스가 차고 심지어 설사를 하기도 하는데 이렇게 불편한 음식이 어째서 좋은 음식일 수 있느냐고 반문하는 것이다.

실제로 많은 수의 사람이 우유를 먹었을 때 이런 불편함을 느낀다. 이는 우유 자체가 상하거나 잘못된 것이 아니라 유당을 소화시키지 못해서 발생하는, 유당불내증(lactose intolerance)® 때문이다. 우리나라의 경우 성인의 상당수(약 75%)가 우유를 마셨을 때 제대로 소화시키지 못하는 유당불내증을 가지고 있기에 우유는 '편한 음식'이 아니라는 생각을 많이 한다.

둘째, 우유 속에 든 유지방으로 인한 오해가 있을 수 있다. 소의 종류에 따라 달라지긴 하지만, 원유 속 유지방의 비율은 전체의

아주 드물지만 선천적으로 락타아제를 만드는 유전자의 이상으로 유당불내증을 가지고 태어나는 아기들도 있다. 이런 경우 모유는 물론이거니와 조제분유도 소화시킬 수 없기 때문에 두유로 만든 특수 분유를 먹여야 한다. 흔히 시중에서 '설사 완화 분유'라고 팔리는 분유들도 마찬가지로 식물성 분유인 경우가 많다. 아기들이 배탈이나 장염 등으로 소화 기능이 떨어졌을 때에는 유당이 부담이 될 수 있으므로 식물성 분유로 부담을 덜어 주면 설사 증상이 완화된다.

유당

유당의 분자 구조식.

약 3~5% 정도를 차지하며 대부분이 포화지방산으로 구성되어 있다. 원래 포화지방산과 불포화지방산의 차이는 지방산 속에 포함된 탄소가 이중결합을 하지 않고 모두 수소와 결합된 형태(포화지방산)인지, 아니면 탄소끼리 이중결합 혹은 삼중결합을 하여 그만큼 수소와 덜 결합했는지(불포화지방산)를 나타내는 화학적 용어에 불과하다. 하지만 지방 섭취량이 늘어난 현대 사회에서 '포화지방 = 나쁜 지방', '불포화지방 = 좋은 지방'이라는 등식 구조로 받아들여지고 있다.

특히나 비만과 동맥경화의 원인으로 지나친 포화지방의 체내 축적이 지목되면서 사람들은 주로 동물성 지방에 많이 포함된 포화지방에 대해 커다란 공포심을 가지고 있다. 그리하여 역시 동물성 지방의 일종이기 때문에 포화지방이 많이 포함된 우유 속 유지방도 같은 취급을 당하고 있다. 하지만 시중에는 유지방의 함량을 줄인 저지방 우유나 유지방을 아예 제거한 무지방 우유(스킴밀크) 혹은 탈지분유도 나와 있으니 유지방이 걱정된다면 이런 우유를 선택하면 된다(우유의 고소한 맛은 유지방의 영향을 많이 받으므로, 유지방이 적거나 혹은 제거된 우유는 묽다는 느낌을 받을 수 있다.).

최근 들어 우유 무용론을 넘어 우유 해악론이 확산되는 이유는 현대의 기업형 축산 시스템의 문제점 때문이다. 현대의 낙농업은 목초지에 소를 방목(放牧)하고 사육하던 전통식 낙농 시스템이 아니라 공장화된 축사에 젖소들을 가두고 사료를 먹여 키우는 기업형 축산 시스템에 의존하고 있다. 방목하는 경우, 소들은 자유롭게 돌아다니며 계절에 맞는 풀을 뜯기 때문에 지방 비축량이 적어 우유의 생산량도 적고 계절에 따라 우유의 맛과 향도 달라지는 특징이 있다.

반면 기업형 축사의 경우, 소들을 가둬 두기 때문에 쉽게 살이 올라 우유를 많이 생산하며 1년 내내 동일한 사료를 먹이기 때문에 우유의 맛도 계절을 타지 않는다. 또한 안정적인 우유 생산을 보장하는 이점도 있다. 하지만 이를 위해서 다양한 인위적 조작이 들어가는 것이 문제로 지적된다.

1936년 러시아의 과학자들은 도축되고 남은 암소의 뇌를 연구하다가 소의 뇌하수체 추출물을 다른 젖소에게 주사하면 우유 생산량이 늘어난다는 사실을 밝혀냈다. 뇌하수체란 다양한 호르몬을 생성하는 부위이며 이 뇌하수체 추출물 속에는 성장호르몬이 다량 함유되어 있다. 이 실험으로 젖소에게 성장호르몬을 주입하면 우유 생산량이 늘어난다는 사실이 밝혀졌지만 곧바로 상업화로 이어지지는 않았다. 당시의 기술로는 성장호르몬 합성이 불가능했기 때문에 소의 뇌하수체에서 추출해서 쓰는 방법밖에 없었다. 그런데 소 한 마리에서 얻을 수 있는 성장호르몬의 양은 매우 적어서 가격이 무척 비쌌다.

이 문제가 해결된 것은 1970년대 말이었다. 이때 처음으로 대장균에 사람의 인슐린 유전자를 주입하는 유전자 재조합으로 인

비좁은 축사에서
자라는 소들.

슐린 합성이 가능함이 증명되었다. 이후 다양한 동물의 유전자를
대장균에 주입하는 시도가 시작되었다. 그 결과 소의 성장호르몬
유전자를 대장균에 넣는 실험이 시작되었고 유전자 재조합으로
소 성장호르몬(recombinant Bovine Growth Hormone, rBGH)이 탄생
되었다. 세계 최초로 rBGH를 합성하는 데 성공한 몬산토 사(社)
는 1993년 FDA(미국 식품의약국)의 승인을 받아 '파실락(Posilac)'
이라는 상품명으로 rBGH를 시장에 출시하게 된다.

실험 결과 성장호르몬을 주입받은 소들은 빨리 자라고 우유 생
산량도 10~20% 늘어났다. 이전의 축산 농가들은 이 정도 우유
생산량의 증가로 인한 이득보다 성장호르몬 제제의 값이 더 비쌌
기 때문에 이를 거의 사용하지 않았다. 하지만 인공적으로 합성된
rBGH가 시장에 출시되자 상황이 달라졌다. rBGH는 상대적으로

가격이 쌌기 때문에 생산량을 늘리려는 축산업자들이 rBGH를 소에 주사하는 일이 늘어났다는 것이다. 2007년 미국 농무부 조사에 따르면 젖소의 17.2%가 rBGH 주사를 맞고 있다고 한다. 국내에는 통계 자료가 없어 정확한 수치를 알 수 없으나 해마다 4억여원 이상의 rBGH가 팔린다고 한다.

사실 rBGH의 실제 사용 수치는 우리가 생각하는 것보다 떨어진다. 이는 rBGH가 가진 우유 생산량 증가가 오히려 문제를 일으켰기 때문이다. 젖은 유선에 고이는 즉시 짜내야 하는데 그러지 않으면 유선염에 걸릴 위험이 높아진다. 그런데 rBGH로 인해 우유 분비량이 증가하자 불어난 젖을 제때 짜 주지 못해 유선염에 걸리는 소들이 늘어났다. 유선염에 걸리면 소의 우유에 고름이 포함되기 때문에 판매할 수 없다. 따라서 rBGH를 사용하면 유선염을 막기 위해 항생제의 사용량이 늘어날 수밖에 없다. 그런데 항생제의 사용 자체가 우유를 오염시켜 판매 등급을 부여받지 못하게 만든다. 따라서 젖소에게 rBGH를 사용하는 경우 유선염 방지를 위해 따로 신경을 써야 하기 때문에 rBGH의 사용량이 일정 수준에 머무르는 것이다. 하지만 과거의 목장에 비해 rBGH와 항생제의 사용량은 이전보다 늘어난 것이 분명하다. 그렇기 때문에 우유는 해롭다는 의혹의 눈길에서 벗어나기 어려워 보인다.

두 번에 걸친 우유 혁명

그동안 산발적으로 등장했던 우유 해악론은 2014년 10월 스웨덴에서 우유와 관련된 대규모 연구 결과가 발표되면서 본격적으로 달아오르기 시작했다. 이 연구 결과를 한마디로 요약하면 '우유는 몸에 해롭다.'는 것이다. 우유를 많이 마신 사람일수록 암과 심혈관질환의 발생률이 올라갔으며 그 결과 자연스럽게 사망 위험도 높아졌다는 것이다. 그렇다면 정말로 우유는 마셔서는 안 되는 악마의 음료일까?

이 문제에 대해 이야기하기 위해서는 먼저 우리가 우유로 대표되는 동물의 젖(인간은 소 이외에도 양·산양·염소·말·낙타·야크·물소 등의 젖을 식용으로 이용했다.)을 언제부터 먹기 시작했는지 알아볼 필요가 있다. 인류가 동물을 길들여 가축화한 것은 신석기 혁명이 시작된 1만 년 전부터였다. 하지만 오랫동안 우유를 먹을 생각은 하지 못했다. 대개의 성인들에게 우유는 영양 만점 음료이기는커녕 소화불량과 설사를 일으키는 식중독 물질로 기능했기 때문이다. 이유는 앞서 말한 유당불내증 때문이었다.

사실 유당은 포유동물의 아기에게는 매우 중요한 영양 공급원이다. 하지만 유당 그대로는 이용할 수 없기 때문에 락타아제(lactase)라는 효소를 이용해 유당을 포도당과 갈락토오스 형태로 쪼개어 이용한다. 포유동물의 아기는 누구나 젖을 먹고 자라기 때문에 락타아제를 분비하는 능력을 가지고 태어난다.

락타아제의 생성 유무는 우유를 먹을 수 있느냐 없느냐를 가리는 중요한 기준이 된다. 락타아제를 만들 수 없는 이에게 우유는 안 먹느니만 못한 음료가 되기 때문이다. 이런 경우 유당은 분해나 흡수가 되지 않은 채 소화 기관을 그대로 통과하게 되고 결국에는 소장에서 장내 미생물의 먹잇감으로 제공된다. 락타아제를 분비하는 장내 미생물은 소화되지 않은 채 대량으로 들어온 유당을 향해 환호하며 달려든다. 하지만 사람은 장내 미생물이 유당을 분해하는 과정에서 발생하는 부작용으로, 배에 가스가 차고 갑작스런 설사를 하는 증상인 유당불내증으로 고생하게 된다.

여기서 흥미로운 것은 사람이 처음부터 유당불내증을 가지고 태어나지는 않는다는 것이다. 심지어 모유에는 우유보다 2배나 더 많은 유당이 들어 있지만 아기가 유당불내증으로 고생하는 경우는 거의 없다. 사람의 DNA 속에는 유당을 분해하는 효소인 락타아제를 만들어 내는 유전자가 존재한다. 그래서 아기는 락타아제를 만들어 내어 유당을 문제없이 소화한다.

하지만 대개 성인이 되면서 락타아제는 더 이상 분비되지 않는다. 유당은 젖 속에만 들어 있는데 다 자란 성인이 젖을 먹을 일은 거의 없기 때문이다. 고로 락타아제가 존재할 이유가 없다. 그래서 우리 몸은 빈 방의 불을 끄는 것처럼 더 이상 필요 없어진 락타아제 유전자의 스위치를 끄는 것이다. 락타아제가 없다면 우유

몬산토 사는 세계 최대의 GMO(유전자재조합생물체) 연구 · 개발 기업이다. 그러나 많은 사람이 GMO의 안정성과 부작용 등 여러 문제점에 대해 큰 우려를 하고 있다. 사진의 모습은 2013년 미국 올랜도에서 벌어진, 몬산토 사와 GMO에 대한 반대 시위 현장이다.

는 그림의 떡이다.

인류의 역사에서 우유가 중요한 먹거리의 역할을 차지하게 된 것은 두 번에 걸친 '우유 혁명'이 일어난 후다.

첫 번째 우유 혁명은 약 7,000년 전 사람의 몸 밖에서 시작되었다. 누군가 우유를 가공해 '몸에 해롭지 않은 것'으로 바꾸는 비법을 알아낸 것이다. 우선 갓 짠 우유를 상온에 방치하면 우유 위에 크림층이 형성된다. 이를 가공한 것이 버터인데 버터는 락토오스 성분이 거의 들어 있지 않기 때문에 그대로 먹어도 문제가 없다. 또한 우유를 발효시켜 만든 요구르트나 치즈의 경우, 발효 과정에서 미생물의 먹잇감으로 유당이 분해되기 때문에 유당으로 인한 소화불량에 시달릴 걱정이 없다.

이처럼 우유를 가공해 유제품을 먹을 수 있게 된 것은 인류의 서식지를 추운 북쪽 지방과 건조한 목초지로 확장시키는 데 결정적인 역할을 하게 되었다. 수렵·채집·농경이라는 인류의 3대 식량 생산 공정에 낙농(酪農)이라는 새로운 공정이 추가됨으로써, 인간이 먹기에는 적합하지 않은 거친 풀만 무성한 들판과 야산이 더 이상 황무지가 아니라, 소나 양을 키워 젖을 얻게 하는 기름진 목초지로 기능하기 시작한 것이다.

두 번째 우유 혁명은 그로부터 1,000여 년이 지난 후에 등장했다. 낙농이 발전하고 유제품을 먹는 수요가 늘면서 우유 그 자체를 마시는 습관도 조금씩 생겨났다. 초기에는 아직 유당 분해가 가능한 어린아이를 위한 것이었다. 하지만 이 아이들이 자라면서 꾸준히 우유를 마셨고 이러한 환경의 자극은 락타아제의 분비를 지속시키게 만들었다. 이것이 대를 이어 반복되면서 낙농을 주로 하는 민족에는, 어른이 되어서도 락타아제 유전자(LP 유전자) 스위치가 꺼지지 않는 돌연변이를 지닌 구성원의 수가 늘어나게 되었다.

실제로 낙농이 발달한 영국과 북유럽 국가의 주민은 LP 유전자 지속 돌연변이의 비율이 90%를 넘는다. 반대로 우유를 마시는 관습이 거의 없었던 일본이나 남부 아시아 국가의 성인에게 이 돌연변이의 발생 확률은 0%에 가깝다.

식량이 부족했던 시절, 우유를 소화시킬 수 있는 능력은 일종의 생존 경쟁력이 되었을 것이다. 특히 우유는 포유동물이 어린 새끼를 단기간에 성장시킬 수 있도록 단백질과 지방의 함유량이 높게 조성되어 있다. 유당불내증만 없다면 섭취량 대비 고칼로리·고단백·고지방의 3박자가 갖춰진 좋은 음식이다. 게다가 우유 속에 든 칼슘과 비타민 D는 햇빛이 부족한 고위도 지방에서 구루병과 골다공증에 걸리지 않고 건강을 유지하도록 도움을 주었을 것이다.

인류학자들은 인류가 춥고 건조한 유럽 지역에 정착하는 데 성인이 우유를 마실 수 있게 만드는 LP 유전자 지속 돌연변이가 결정적인 역할을 했다고 본다. 이는 전통적으로 '우유는 몸에 좋은 음식'이라는 가치관을 만드는 데 일조했다.

우유, 선택의 문제

결론적으로 말하자면 '우유 해악론'은 우유 자체의 문제라기보다 인류를 둘러싸고 있는 상황이 수천 년 전과 다르게 변화되었다는 데 기원을 두고 있다. 우유는 여전히 칼슘과 철분을 비롯한 비타민과 무기질의 좋은 공급원이며, 양질의 단백질이 포함된 '영양학적으로 우수한 식품'이다. 하지만 영양학적으로 우수하다는 말이 영양 과잉으로 인한 부작용을 일으킬 수 있다는 말과 동일하게 쓰이고 있는 것이 현실이다. 실제로 우유가 건강에 악영향을 미친다는 연구 결과가 발표된 곳은 영양 부족이 아니라 영양 과잉이 문제가 되는 지역이다.

우리는 이제 우유 외에도 충분한 칼로리와 영양소를 섭취하며 부족한 비타민과 무기질은 간편한 알약으로 해결하는 시대를 살고 있다. 이런 경우 우유의 지나친 섭취는 지방과 열량의 과다 섭취로 이어지게 되고, 이는 비만과 성인병의 발생 비율을 높이는 원인이 된다.

게다가 낙농업이 하나의 거대 산업이 된 현대 사회에서 우유는 공장에서 생산되는 제품처럼 취급되고 있다. 그래서 생산성을 높이기 위한 다양한 방법(우유 생산량 증가를 위한 성장호르몬 유도제 투입, 기형적이고 비윤리적인 사육 시스템, 유전자 조작을 통한 형질 전환 등)과 얽히게 되었다. 이렇게 만들어진 우유 속에는, 자연에서 방목된 가축의 젖에는 존재하지 않는 성분이 포함되는 경우가 종종 발생하는 것도 사실이다.

이제 우리에게 필요한 자세는 무조건적인 '우유 예찬론'과 '우유 해악론'이 아니다. 자신에게 맞는 적절한 우유 섭취량과 섭취 방법을 결정하는 현명한 자세가 필요한 게 아닐까? 아인슈타인의 이름을 우유 제품명으로만 기억하는 것이 아니라, 아인슈타인처럼 합리적이고 과학적인 분석을 통해 내게 맞는 우유를 섭취하는 자세 말이다.

리코타 치즈

사다 놓은 우유의 유통기한이 간당간당할 때 훌륭한 처리법!

준비물 우유, 레몬즙, 소금

요리방법

1. 냉장고 안에서 잠자고 있던 우유를 아낌없이 냄비에 붓고 약불로 가열합니다.

2. 우유가 따뜻하게 데워지면 레몬즙을 넣은 뒤 잘 저으면서 가열합니다. 레몬즙은 직접 짜 넣어도 되고, 시중에서 판매하는 레몬액을 사용해도 됩니다. 그것도 없다면 식초를 약간 넣어도 돼요. 산(酸)을 이용해 우유 단백질을 굳히는 것이니까요.

3. 뭉글뭉글 덩어리가 생기면서 굳어지면 소금을 약간 넣고 5분간 더 저어 준 뒤 불을 끕니다. 우유 덩어리를 면보자기로 걸러 내고 위에 무거운 것을 올려놓아 물기를 꼭 짜 줍니다. 물기를 남김없이 꼭 짜면 리코타 치즈 완성.

4. 만들어진 리코타 치즈는 빵에 발라 먹거나 샐러드와 함께 먹으면 좋아요. 아니면 작은 크기로 꼭꼭 뭉쳐 한 입 거리 간식으로 만들 수도 있어요.

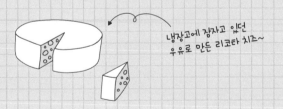

냉장고에 잠자고 있던
우유로 만든 리코타 치즈~

치즈 과자
치즈 함량 100% 과자

준비물 슬라이스 치즈, 종이 호일, 전자레인지

요리방법

1. 접시에 종이 호일을 깔고 여기에 슬라이스 치즈 2장을 적당한 크기로 잘라서 띄엄띄엄 놓아둡니다. 그냥 접시 위에 올리면 치즈가 녹아서 눌어붙기 때문에 반드시 종이 호일을 깔아야 합니다.

2. 1번 과정에서 준비한 재료를 전자레인지에 넣고 2분 정도 가열합니다. 전자 레인지 출력에 따라 가열 시간이 다른데, 납작했던 치즈 덩어리가 뻥튀기한 것처럼 부풀어 오르면 됩니다. 그런데 치즈의 종류에 따라 부풀어 오르는 것도 있고 그냥 녹아내리는 것도 있으니 한 조각만 떼어서 확인해 본 후 시도하면 좋을 듯해요.

3. 스낵처럼 바삭하게 부풀어 오른 치즈를 맛있게 냠냠.

바삭바삭!

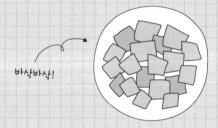

참고문헌

• 음식과 요리에 대하여
해롤드 맥기, 강철훈, 서승호 옮김,『음식과 요리, 세상 모든 음식에 대한 과학적 지식과 요리의 비결』, 백년후, 2011
최낙언,『진짜 식품첨가물 이야기』, 예문당, 2013
최혜미 외,『21세기 영양학』, 교문사, 2011
윤서석 외,『맛, 격, 과학이 아우러진 한국음식문화』, 교문사, 2015
한국대학식품영양관련학과교수협의회,『식품학』(제3판), 문운당, 2007
제인스 콜만, 윤영삼 옮김,『내추럴리 데인저러스』, 다산초당, 2008
이영숙,『식탁 위의 세계사』, 창비, 2012
제프 포터, 김정희 옮김,『괴짜 과학자, 주방에 가다』, 이마고, 2011
허태련,『식품과학』, 유한문화사, 2006
하비 리벤스테인, 김지향 옮김,『음식 그 두려움의 역사』, 지식트리, 2012
윤덕노,『떡국을 먹으면 부자 된다』, 청보리, 2011
이종철,『인간의 달력, 신의 축제』, 민속원, 2009
김영조,『하루하루가 잔치로세』, 인물과사상사, 2011
존 잉그럼, 김지원 옮김,『한없이 작은, 한없이 위대한 : 보이지 않는 지구의 지배자 미생물의 과학』, 이케이북, 2014
김석신,『나의 밥 이야기』, 궁리, 2014
윤숙자, 강재희,『아름다운 세시음식 이야기』, 질시루, 2012
전호용,『알고나 먹자』, 글항아리, 2015
데이비드 넬슨, 윤경식 외 공역,『레닌저 생화학』, 월드사이언스, 2014
정은자,『한국의 식생활 문화』, 진로연구사, 2014
도현신,『전쟁이 요리한 음식의 역사』, 시대의 창, 2011
윤덕노,『음식 잡학 사전』, 북로드, 2007
나경숙 외,「세시풍속」,『남도민속연구 14』, 남도민속학회, 2007
조후종,「우리나라의 명절음식 문화」,『한국식생활문화학회지』11권 4호, 1996
오순덕,「조선시대 세시음식(歲時飮食)에 대한 문헌적 고찰」,『한국식품경영학회지』25권 1호, 2012
이성숙,「세시풍속 및 세시음식의 인지도에 관한 연구」,『한국실과교육학회지』18권 3호, 2005

한국민족문화대백과사전 http://encykorea.aks.ac.kr/
한국식품연구원 http://www.kfri.re.kr/
식품안전정보서비스 식품나라 www.foodnara.go.kr
쌀박물관 http://www.rice-museum.com/
한국지질동맥경화학회 http://www.lipid.or.kr/
통계청 http://kostat.go.kr/
국립원예특작과학원 http://www.nihhs.go.kr/
생물학연구정보센터 브릭 http://www.ibric.org/

• 1월 – 설날과 떡국

사토 요우이치로, 김치영 옮김, 『쌀의 세계사』, 좋은책만들기, 2014

유수연 외, 「아밀로오스 함량이 다른 쌀 전분의 분자 및 결정 구조와 이화학적 특성」, 『한국식품과학회지』 46권 6호, 2014

신말식, 「전분의 노화에 아밀로오스와 아밀로펙틴이 미치는 영향」, 『생활과학연구』 5권, 1995

박혜정, 「만리장성을 쌓을 때 왜 찹쌀풀을 이용하였을까?」, 제55회 전국과학전람회지도논문연구대회, 2009

김희선, 「가래떡과 인절미 저장 중 노화 억제 매커니즘 구명」, 단국대 학위논문, 2014

• 2월 – 정월 대보름과 부럼

방성혜, 『조선, 종기와 사투를 벌이다』, 시대의 창, 2012

스티븐 시나트라, 조니 보든, 제효영 옮김, 『콜레스테롤 수치에 속지 마라』, 예문사, 2015

정윤섭, 『콜레스테롤과 포화지방에 대한 오해 풀기』, 라온북, 2015

• 3월 – 머슴날과 콩 음식

데이비드 실비아 외, 신현동 외 옮김, 『토양미생물학 : 원리와 응용』, 동화기술교역, 2005

존 포스트게이트, 이효원 옮김, 『질소고정』, 한국방송대학교출판부, 2001

여인형, 『공기로 빵을 만든다고요?』, 생각의힘, 2013

유한수, 「콩과식물과 공생하는 질소고정 근류균의 분포에 대한 연구」, 제주대 학위논문, 2013

주영규, 「토양-식물계의 질소 순환」, 한국유기성폐기물자원화협회 학술대회, 1994

이광목, 「질산염, 아질산염과 메트헤모글로빈증」, 『산업보건』 61권, 1993

황경수, 「대두단백질의 변성과 식품 가공에의 이용」, 『한국콩연구회지』 3권 1호, 1986

• 4월 – 한식과 찬밥

양철영 외, 『식품 냉장냉동학』, 석학당, 2013

이영수, 「일제 강점기 한식의 지속과 변화」, 『아시아문화연구』 32집, 2013

이태호, 「식품냉동에서의 동결과 해동」, 『식품과학과 산업』 제24권 제3호, 1991

이영춘, 「조리냉동식품의 제조기술 및 발전방향」, 『식품과학과 산업』 제24권 제3호, 1991

김병삼, 「식품 냉동 분야의 최근 기술 개발·보급 현황」, 『설비저널』 제33권 제7호, 2004

• 5월 – 단오와 수리취떡

조태동, 『한국의 허브』, 대원사, 2006

폴커 아르츠트, 이광일 옮김, 『식물은 똑똑하다』, 들녘, 2013

다나카 마치, 이동희 옮김, 『약이 되는 독, 독이 되는 독』, 전나무숲, 2013

진로, 「한,중 단오 풍속 비교 연구」, 세명대학교 학위논문, 2012

신순희, 「익모초의 약효 성분에 관한 연구」, 『생약학회지』 15권 2호, 1984

이성동 외, 「쑥의 생리활성 물질과 이용」, 『한국식품영양학회지』 13권 5호, 2000

리향 외, 「석창포 추출물의 생리활성 효과」, 『동의생리병리학회지』 25권 5호, 2011

조홍섭, 〈침팬지와 고릴라도 약초 먹는다〉, 「한겨레」, 2011.12.01

Jennifer Viegas, 〈Chimpanzees Self-Medicate With Food〉, 「Zoo Animal」, 2011.11.29

• 6월 – 유두와 유두면

하상도 외, 『밀가루의 누명』, 조선뉴스프레스, 2014

고호관, 〈밀가루는 무죄!〉, 「과학동아」 2013년 12월호

박현빈 외, 「반복적인 두드러기를 주소로 내원한 4세 남아에서 발견된 글루텐 알레르기 1례」, 『소
아알레르기 호흡기』 20권 4호, 2010

• 7월 – 삼복더위와 삼계탕

프레데릭 시문스, 김병화 옮김, 『이 고기는 먹지 마라? 육식 터부의 문화사』, 돌베개, 2004

주선태, 정은영, 『인간과 고기문화』, 경상대학교출판부, 2013

최창렬, 「복더위 계절식 이름의 어원적 의미」, 『이화어문논집』 10권, 1988

이웅재, 「개와 관련된 세시풍속」, 『어문논집』 31권, 2003

• 8월 – 백중과 감자전

수전 캠벨 바톨레티, 곽명단 옮김, 『검은 감자』, 돌베개, 2014

래리 주커먼, 박영준 옮김, 『악마가 준 선물, 감자 이야기』, 지호, 2000

조현묵 외, 「한국 감자 재래종의 역사적 고찰」, 『한국원예학회지』 44권 6호, 2003

이수진, 「아일랜드 대기근(1845~1849)의 원인」, 경북대학교 학위논문, 2005

윤경순, 「조리방법에 따른 감자의 비타민 C 함량 변화」, 영남대 학위논문, 2004

• 9월 – 한가위와 햇과일

볼프강 스터피, 롭 케슬러, 김진옥 옮김, 『열매』, 교학사, 2014

아담 리스 골너, 김선영 옮김, 『과일 사냥꾼』, 살림출판사, 2010

김현승 외, 『안과학』 제10판, 일조각, 2014

윌리엄 홉킨스, 홍영남 옮김, 『식물생리학』, 월드사이언스, 2006

리베카 룹, 박유진 옮김, 『당근, 트로이 전쟁을 승리로 이끌다』, 시그마북스, 2012

문승희 외, 「성숙기 사과 중의 페놀계 물질 변화」, 『한국식품영양학회지』 12권 4호, 1999

• 10월 – 중양절과 국화주

윤호진,『잃어버린 가을 명절 : 중양』, 민속원, 2006

로드 필립스, 윤철희 옮김,『알코올의 역사』, 연암서가, 2015

장계향,『음식디미방』(ePUB), 돌도래, 2014

이효형 외,「전통 누룩 발효과정 중 품질 및 항원성 변화」,『한국식품영양과학회지』 38권 1호, 2009

유대식 외,「총설-누룩 미생물의 문헌적 고찰」,『한국식품영양과학회지』 25권 1호, 1996

• 11월 – 입동과 김치

한영숙 외,『발효식품』, 파워북, 2012

김만조, 이규태,『김치견문록』, 디자인하우스. 2008

이미란,『발효 이야기-김치와 식초』, 살림출판사, 2014

이철호 안보선,「김치에 관한 문헌적 고찰-김치의 제조 역사」,『한국식생활문화학회지』 10권 4호, 1995

김다미, 김경미,「소금의 종류와 침지 농도에 따른 배추김치의 젖산균의 생육과 품질 특성」,『한국식생활문화학회지』 29권 3호, 2014

장문정, 김명환,「발효온도 및 소금농도에 따른 배추김치의 발효 특성」,『한국농화학회지』 43권 1호, 2000

이명희 외,「배추의 절임조건에 따른 관능적 특성 및 물성 변화」,『한국식품영양과학회지』 31권 3호, 2002

고강희 외,「김치 종류에 따른 유산균의 생물학적 및 기능적 특성 」,『한국식품영양과학회지』 42권 1호, 2013

차용준 외,「김장김치 담금시 부재료 특성 및 지역별 기호도 조사」,『한국식품영양과학회지』 32권 4호, 2003

• 12월 – 동지와 타락죽

「유당불내증과 유당분해효소의 기능」,『한국유가공기술학회지』 7권 2호, 1990

「유당불내증(Lactose Intolerance)의 발생 원인과 경감 방안에 대한 고찰」,『한국유가공기술학회지』 27권 2호, 2009

Karl Michaëlsson etc,〈Milk intake and risk of mortality and fractures in women and men: cohort studies〉,「BMJ」 2014, http://www.bmj.com/content/349/bmj.g6015

Andrew Curry,〈Archaeology : The milk revolution〉,「Nature」 31 July 2013, http://www.nature.com/news/archaeology-the-milk-revolution-1.13471

하리하라의 음식 과학

| 펴낸날 | 초판 1쇄 2015년 6월 30일 |
| | 초판 2쇄 2015년 9월 24일 |

지은이	이은희
펴낸이	심만수
펴낸곳	(주)살림출판사
출판등록	1989년 11월 1일 제9-210호

주소	경기도 파주시 광인사길 30
전화	031-955-1350 팩스 031-624-1356
기획·편집	031-955-4665
홈페이지	http://www.sallimbooks.com
이메일	book@sallimbooks.com

ISBN 978-89-522-3163-5   44400

이 도서의 국립중앙도서관 출판시도서목록(CIP)은 서지정보유통지원시스템 홈페이지(http://seoji.nl.go.kr)와 국가자료공동목록시스템(http://www.nl.go.kr/kolisnet)에서 이용하실 수 있습니다.(CIP제어번호: CIP2015016594)

책임편집·교정교열 **최진우**